国家电网有限公司
STATE GRID
CORPORATION OF CHINA

电力物资供应商信息分类及编码

第一册 通用线圈类设备

国家电网有限公司　组编

中国电力出版社
CHINA ELECTRIC POWER PRESS

图书在版编目（CIP）数据

电力物资供应商信息分类及编码. 第一册，通用线圈类设备 / 国家电网有限公司组编. —北京：中国电力出版社，2021.10
ISBN 978-7-5198-5916-9

Ⅰ. ①电… Ⅱ. ①国… Ⅲ. ①电力设备–线圈–物资管理–中国 Ⅳ. ①TM4-62

中国版本图书馆 CIP 数据核字（2021）第 168961 号

出版发行：中国电力出版社
地　　址：北京市东城区北京站西街 19 号（邮政编码 100005）
网　　址：http://www.cepp.sgcc.com.cn
责任编辑：刘丽平　穆智勇（zhiyong-mu@sgcc.com.cn）
责任校对：黄　蓓　王海南
装帧设计：张俊霞
责任印制：石　雷

印　　刷：三河市万龙印装有限公司
版　　次：2021 年 10 月第一版
印　　次：2021 年 10 月北京第一次印刷
开　　本：787 毫米×1092 毫米　16 开本
印　　张：21.25
字　　数：471 千字
印　　数：0001—3000 册
定　　价：118.00 元

编 委 会

工 作 组

组　长　熊汉武

副组长　孙　萌　樊　炜　陈金猛

成　员　牛艳召　刘岩松　张　斌　储海东　张婧卿　王　冬
　　　　　耿　庆　李　凌　倪长爽　李　萍　谢晓非　李佳宣
　　　　　郝嘉诚　汪　贝　李思行　姜璐璐　刘　松　王　兵
　　　　　许志斌　田　宇　陈星月　张文俊　宫杨非　朱　婷
　　　　　王成园　徐宝华　陈　煜　张会玲　刘文烨　魏俊奎
　　　　　王来善　杨孝忠　叶　飞　骆星智　高彦龙　王　伟
　　　　　吴春生　古天松　冯三勇　孙宏志　吕振辉　郭　伟
　　　　　李　明　章义贤　谢先明　吴　云　车东昀　吴皇均
　　　　　邓　勇　周银春　金涌川　李　东　孙　青　刘红星
　　　　　张翰林　焦才明　冯　亮　韦正元　李伟锋　张　亮
　　　　　王倩倩

本 册 编 写 人 员

樊　炜　　陈金猛　　张婧卿　　王　冬　　倪长爽　　李　萍

郝嘉诚　　汪　贝　　李佳宣　　刘　松　　王　兵　　陈星月

张文俊　　宫杨非　　朱　婷　　王成园　　徐宝华　　陈　煜

张会玲　　刘文烨　　魏俊奎　　王来善　　杨孝忠　　贾春叶

侯　滨　　高山山　　杨庆春　　张　涛　　于　龙　　郝佳齐

章大明　　李均毅　　刘静斐　　卢正达　　骆星智　　谢先明

夏宁泽

前　言

随着全球全面进入信息化和数字化时代，数据已经成为促进人类社会发展的新型生产要素和推动各国经济发展的新动力。长期以来，电力行业相关企业在物资供应商信息数据的分类、定义和编码等方面不统一，数据的结构化、标准化程度较低，制约了大数据、物联网时代的数据共享和数据价值挖掘，形成了事实上的"数据藩篱"，这也成为相关企业提升供应商信息数据治理和供应商关系管理能力的掣肘。

为优化营商环境，提高采购质效，国家电网有限公司开展供应商资质能力信息核实工作。供应商将资质业绩、设计研发、生产制造、试验检测、原材料/组部件管理等方面信息录入电子商务平台中的结构化模板，国家电网有限公司组织相关专家根据供应商提交的支持性材料，以及通过现场核对的方式对电子商务平台中的信息进行核实。供应商投标时应使用已核实的资质能力信息，可不再出具对应事项的原始证明材料，实现"基本信息材料一次收集、后续重复使用并及时更新"。这不仅大幅减少了供应商制作投标文件时的重复性劳动，降低了投标成本，也避免了供应商在制作投标文件时因人为失误遗漏部分材料而导致的废标。同时，通过多年工作积累了海量的数据信息，为电力物资供应商信息科学分类奠定了坚实的基础。

为加快数字化转型，推进数字化、网络化、智能化发展，消除数据隔阂，实现数据共享、共用，提升数据价值，国家电网有限公司从数据信息分类、定义、编码及采集等方面，构建统一的供应商信息分类及编码规范，按物资类别编写了《电力物资供应商信息分类及编码》丛书，包括《通用线圈类设备》《开关类设备》《线缆类物资》《装置性材料》《二次设备与营销》5个分册。各分册主要包含三类内容：一是电力物资供应商信息分类及编码规则，明确了供应商信息的分类分级和数字化编码的基本规则；二是电力物资供应商基础信息和通用信息规范，提炼各物资类别中基础和通用的信息项，分别编制形成了电力物资供应商基础信息规范和通用信息规范；三是电力物资供应商专用信息规范，根据各物资类别的特有信息，明确了38类电力物资供应商专用信息分类。

丛书编写过程中，得到了国家电网有限公司各单位、相关专家及部分供应商的大力支持与配合，在此表示衷心的感谢！

由于电力物资供应商信息数据海量且类型多样，丛书涉及内容也非常复杂，不足之处在所难免，希望国家电网有限公司系统内外单位及供应商在应用过程中多提宝贵意见。

编　者

2021 年 8 月

总 目 录

前言

信息分类及编码规则

目　次

信息分类及编码规则

1 范围

本部分规定了电力物资供应商信息分类及编码的规则。

本部分适用于国家电网有限公司供应商资质能力信息核实工作，以及涉及供应商数据的相关应用。

2 规范性引用文件

下列文件对于本文件的应用是必不可少的。凡是注日期的引用文件，仅注日期的版本适用于本文件。凡是不注日期的引用文件，其最新版本（包括所有的修改单）适用于本文件。

GB/T 1.1—2020 标准化工作导则 第 1 部分：标准文件的结构和起草规则

GB/T 20001.3—2015 标准编写规则 第 3 部分：分类标准

GB/T 36625.2—2018 智慧城市 数据融合 第 2 部分：数据编码规范

3 信息分类说明

电力物资供应商信息分类按照隶属关系自上而下共 4 级，依次是模块、表、字段、字段值。模块层级的数据维度包括 10 类，分别是企业信息、财务信息、报告证书、研发设计、生产制造、试验检测、原材料/组部件、售后服务、产品产能。各项模块层级包括若干个表。每个表下包含一系列性质相近或相关的供应商信息数据字段。字段下设字段值，以满足字段存在的多种可选属性。

4 信息编码规则

4.1 信息编码的构成

电力物资供应商信息编码由前缀标识代码、模块代码、表代码、字段代码、字段值代码五部分组成。物资类别标识码后加"."进行分隔。

4.2 信息编码的表示形式

电力物资供应商信息编码的表示形式如图 1 所示。

4.3 信息编码的规范

4.3.1 前缀标识代码

4.3.1.1 前缀标识代码的用途

前缀标识代码用于唯一标识供应商信息所对应的物资类别。供应商信息物资类别包

括基础信息、通用信息和具体物资（如变压器）专用信息三个大的门类。基础信息和通用信息适用于全部物资，专用信息仅适用于特定物资。

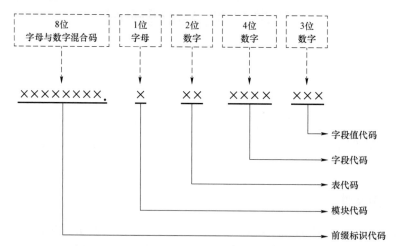

图 1　电力物资供应商信息编码表示形式

4.3.1.2　前缀标识代码的规范

前缀标识代码由 8 位字母和数字混合组成。

基础信息门类下不设具体的小类。基础信息的前缀标识代码为"G0000001"。

通用信息门类下不设具体的小类。通用信息的前缀标识代码为"G0000002"。

专用信息门类下设若干个小类，分别对应物料主数据中各个特定的物资名称。例如，交流变压器供应商专用信息下，"G1001001"表示 6kV 交流变压器。各部分专用信息规范中，应标注该专用信息规范适用的物料主数据中的物资名称。

4.3.2　模块代码

模块指供应商信息划分的维度，包括企业信息、财务信息、报告证书、研发设计、生产制造、试验检测、原材料/组部件、售后服务、产品产能共 10 个模块。

4.3.2.1　模块代码的用途

模块代码是供应商信息特定模块维度的唯一标识码，由 1 位英文字母表示。

4.3.2.2　模块代码的规范

模块代码及其对应的供应商信息模块维度如表 1 所示。

表 1　供应商信息模块维度及其代码

供应商信息模块维度	模块代码
企业信息	A
财务状况	B
报告证书	C
研发设计	D

表1（续）

供应商信息模块维度	模块代码
生产制造	E
试验检测	F
原材料/组部件	G
售后服务	H
产品产能	I

4.3.3 表代码

表是指供应商信息各个模块纬度下性质相近的信息项目的组合。不允许存在"其他"表。

4.3.3.1 表代码的用途

表代码用于标识特定模块纬度下某个表纬度的代码，隶属于模块。

4.3.3.2 表代码的规范

表代码由2位数字组成，根据各模块纬度下表的顺序，从"01"起，依次编码。若某个表同时出现在不同物资专用信息的相同模块下，则优先对此表进行编码。

4.3.4 字段代码

字段是指供应商具体的某项信息，隶属于表。不允许存在"其他"字段。

4.3.4.1 字段代码的用途

字段代码是用于标识供应商具体某项信息字段的代码。

4.3.4.2 字段代码的规范

字段代码由4位数字组成。

电力物资供应商基础信息中的字段，按照各表下字段的顺序，从"0001"起，依次编码。

通用信息中的字段，按照各表下字段的顺序，从"0101"起，依次编码。

各具体物资专用信息中的字段，按照各表下字段的顺序，从"1001"起，依次编码。若某个字段同时出现在不同物资专用信息的相同表下，则优先对此字段进行编码。

4.3.5 字段值代码

字段值指字段下多项可选属性的选项，如字段"电压等级"下，包含了6kV、10kV、35kV、110kV等多个字段值。

4.3.5.1 字段值代码的用途

字段值代码是用于标识供应商具体某项信息字段下可选属性的代码。

若字段下还存在未全部列出的其他可选属性，则用"其他"来表示。例如，字段"电压等级"下，用"其他"表示该字段下未列出的其余电压等级。

4.3.5.2 字段值代码的规范

字段值代码由3位数字组成，从"001"起，依次编码。对于其他的字段值，用"999"表示。

基础信息

目　　次

基 础 信 息

1 范围

本部分规定了电力物资供应商的企业信息、财务状况等基础信息。

本部分适用于国家电网有限公司供应商资质能力信息核实工作，以及涉及供应商数据的相关应用。

2 规范性引用文件

下列文件对于本文件的应用是必不可少的。凡是注日期的引用文件，仅注日期的版本适用于本文件。凡是不注日期的引用文件，其最新版本（包括所有的修改单）适用于本文件。

GB 11714—1997　全国组织机构代码编制规则

GB/T 2659—2000　世界各国和地区名称代码

GB/T 16987—2002　组织机构代码信息数据库（基本库）数据格式

GB/T 19488.2—2008　电子政务数据元　第 2 部分：公共数据元目录

GB/T 22117—2018　信用　基本术语

GB/T 31286—2014　全国组织机构代码与名称

GB/T 32873—2016　电子商务主体基本信息规范

GB/T 33718—2017　企业合同信用指标指南

GB/T 36104—2018　法人和其他组织统一社会信用代码基础数据元

GB/T 50280—1998　城市规划基本术语标准

JB/T 12516—2015　现代制造服务业　装备制造业　术语

3 术语和定义

下列术语和定义适用于本文件。

3.1

企业信息　corporate information

工商行政管理部门登记的企业从事生产经营活动过程中形成的信息，以及政府部门在履行职责过程中产生的能够反映企业状况的信息。

3.2

财务状况　financial status

企业在某一时刻经营资金的来源和分布状况。

4 企业信息

企业信息主要包括基本信息、法定代表人/负责人、企业联系人等信息，企业信息见附录 A。

4.1 基本信息

反映企业登记注册情况的基础信息。

企业信息中的基本信息包括全国组织机构代码、通信地址、邮政编码、国家代码、城市、地区、税号、经营范围、企业简称、公司英文名称、公司介绍、公司成立时间、厂家类别、工商登记号、主管单位、主管单位编码、注册发证单位、注册审核单位、统一信用代码、产权单位。

4.2 法定代表人/负责人

企业信息中法定代表人指的是依照法律或者法人组织章程规定，代表法人行使职权的负责人，是法人的法定代表人。负责人指的是个人独资企业、合伙企业、企业分支机构（分公司、办事处、代表处）等非法人企业的负责人。

企业信息中的法定代表人/负责人信息包括企业法人。

4.3 企业联系人

企业的日常联络人员。

企业信息中的企业联系人信息包括身份证号码、电子邮箱、固定电话、传真。

5 财务状况

财务状况主要包括财务信息等信息，财务状况信息见附录 B。

5.1 财务信息

在财务管理中需要的有关资金及其运动的各项信息。

财务状况中的财务信息包括注册资金、注册币种、银行账号、开户银行。

附 录 A

（规范性附录）

企 业 信 息

项目编码					项目名称	说明
基础信息标识代码	模块代码	表代码	字段代码	字段值代码		
G0000001.	A				企业信息	企业信息是指工商行政管理部门登记的企业从事生产经营活动过程中形成的信息，以及政府部门在履行职责过程中产生的能够反映企业状况的信息。
		01			基本信息	反映企业登记注册情况的基础信息。
			0001		全国组织机构代码	由组织机构代码管理部门赋予组织机构的标识。
			0002		通信地址	机构的有效邮政通信地址，包括省（自治区、直辖市、特别行政区）、市（地区、自治州、盟）、县（自治县、市、市辖区、旗、自治旗）乡（镇）、村、街名称和门牌号。
			0003		邮政编码	与通信地址对应的邮政编码。
			0004		国家代码	按照 GB/T 2659 规定的世界各国和地区名称代码，确定本国对应的代码元素。
			0005		城市	以非农业产业和非农业人口集聚为主要特征的居民点。在中国，包括按国家行政建制设立的市、镇。
			0006		地区	作为行政区的地区，包括地级和乡级两种类别。
			0007		税号	即纳税人识别号，是税务部门为纳税人分配的唯一税务登记编号。
			0008		经营范围	由法律、法规规定的组织机构登记机关或批准机关核发的有效证照或批文上的经营范围、宗旨和业务范围或主要职能范围，又称业务范围。
			0009		企业简称	企业较复杂的名称的简化形式。
			0010		公司英文名称	公司根据文字翻译原则自行翻译使用的公司英文全称。
			0011		公司介绍	介绍公司基本情况。

表（续）

项目编码					项目名称	说明
基础信息标识代码	模块代码	表代码	字段代码	字段值代码		
			0012		公司成立时间	由法律、法规规定的组织机构登记机关或批准机关核发的有效证照或批文上的成立日期或批准成立日期，又称注册日期、批准日期。采用 YYYYMMDD 的日期形式。
			0013		厂家类别	企业是自身制造或者属于销售代理。
				001	制造商	对采掘的自然资源或农业生产的原材料进行加工和再加工，为其他经济部门提供生产资料、为社会提供日常消费品的生产制造部门。
				002	贸易商	受制造商委托，负责销售制造商某些特定产品或全部产品的代理商。
				003	设计	
				004	施工	
				005	监理	
				999	其他	其他企业类别。
			0014		工商登记号	企业在国家行政主管部门申请登记注册时，行政主管部门为其分配的统一标识代码。
			0015		主管单位	上级行政主管部门（或业务归口管理、业务主管部门、举办单位）的名称，又称主管机关、业务主管单位、举办单位。
			0016		主管单位编码	上级行政主管部门（或业务归口管理、业务主管部门、举办单位）的统一社会信用代码。
			0017		注册发证单位	
			0018		注册审核单位	
			0019		统一信用代码	每一个法人和其他组织在全国范围内唯一的、终身不变的法定身份识别码。
			0020		产权单位	单位（或机构）产权所有人。
		02			**法定代表人/负责人**	法定代表人：依照法律或者法人组织章程规定，代表法人行使职权的负责人，是法人的法定代表人。负责人：个人独资企业、合伙企业、企业分支机构（分公司、办事处、代表处）等非法人企业的负责人，又称经营者、执行事务合伙人。

表（续）

项目编码					项目名称	说明
基础信息标识代码	模块代码	表代码	字段代码	字段值代码		
			0001		企业法人	依法代表法人行使民事权利，履行民事义务的主要负责人。
		03			**企业联系人**	
			0001		身份证号码	企业联系人身份证件上记载的、可唯一标识个人身份的号码。
			0002		电子邮箱	企业联系人的电子邮件的收发地址。
			0003		固定电话	企业联系人的联系电话号码；完整的电话号码包括国际区号、国内长途区号、本地电话号和分机号，之间用"-"分割。
			0004		传真	企业联系人的传真号码；完整的传真号码包括国际区号、国内长途区号、本地电话号和分机号，之间用"-"分割

附　录　B
（规范性附录）
财　务　状　况

项目编码					项目名称	说明
基础信息标识代码	模块代码	表代码	字段代码	字段值代码		
G0000001.	B				**财务状况**	企业在某一时刻经营资金的来源和分布状况。
		01			**财务信息**	在财务管理中需要的有关资金及其运动的各项信息。
			0001		注册资金	由法律、法规规定的组织机构登记机关或批准机关核发的有效证照或批文上的成立日期或批准成立日期，又称注册日期、批准日期。采用 YYYYMMDD 的日期形式。
			0002		注册币种	根据有效证照或批文上的注册资本、开办资金或注册资金，按照 GB/T 12406 规定的货币种类，用于衡量货币的种类。
			0003		银行账号	银行卡卡号或存折账号，包括银行借记卡和信用卡。每张卡上都有相应的卡号，此号即为银行账号。
			0004		开户银行	在票据清算过程中付款人或收款人开有户头的银行

通 用 信 息

目　次

通 用 信 息

1 范围

本部分规定了电力物资供应商的通用信息。

本部分适用于国家电网有限公司供应商资质能力信息核实工作，以及涉及供应商数据的相关应用。

2 规范性引用文件

下列文件对于本文件的应用是必不可少的。凡是注日期的引用文件，仅注日期的版本适用于本文件。凡是不注日期的引用文件，其最新版本（包括所有的修改单）适用于本文件。

GB 11714—1997　全国组织机构代码编制规则

GB 32100—2015　法人和其他组织统一社会信用代码编码规则

GB/T 2260—2007　中华人民共和国行政区划代码

GB/T 2900.90—2012　电工术语　电工电子测量和仪器仪表　第 4 部分：各类仪表

GB/T 4658—2006　学历代码

GB/T 4754—2016　国民经济行业分类

GB/T 12402—2000　经济类型分类与代码

GB/T 12406—2008　表示货币和资金的代码

GB/T 12407—2008　职务级别代码

GB/T 15416—2014　科技报告编号规则

GB/T 16987—2002　组织机构代码信息数据库（基本库）数据格式

GB/T 17242—1998　投诉处理指南

GB/T 18760—2002　消费品售后服务方法与要求

GB/T 19488.2—2008　电子政务数据元　第 2 部分：公共数据元目录

GB/T 22116—2008　企业信用等级表示方法

GB/T 22117—2018　信用　基本术语

GB/T 22119—2017　信用服务机构　诚信评价业务规范

GB/T 27000—2006　合格评定　词汇和通用原则

GB/T 28001—2011　职业健康安全管理体系　要求

GB/T 31286—2014　全国组织机构代码与名称

GB/T 33718—2017　企业合同信用指标指南

GB/T 34432—2017 售后服务基本术语

GB/T 36104—2018 法人和其他组织统一社会信用代码基础数据元

GB/T 36312—2018 电子商务第三方平台企业信用评价规范

JB/T 12516—2015 现代制造服务业 装备制造业 术语

DL/T 396—2010 电压等级代码

中华人民共和国国务院令第 654 号 企业信息公示暂行条例

中华人民共和国主席令第 15 号 中华人民共和国公司法

中华人民共和国主席令第 18 号 中华人民共和国民法通则

中华人民共和国主席令第 8 号 中华人民共和国专利法

中华人民共和国主席令第 78 号 中华人民共和国标准化法

中华人民共和国国务院令第 666 号 中华人民共和国认证认可条例

发改经体〔2015〕2752 号《国家发展改革委 国家能源局关于印发电力体制改革配套文件的通知》附件 5 关于推进售电侧改革的实施意见

3 术语和定义

下列术语和定义适用于本文件。

3.1

企业信息 corporate information

工商行政管理部门登记的企业从事生产经营活动过程中形成的信息，以及政府部门在履行职责过程中产生的能够反映企业状况的信息。

3.2

财务状况 financial status

企业在某一时刻经营资金的来源和分布状况。

3.3

报告证书 report certificate

具有相应资质、权力的机构或机关等发的证明资格或权力的文件。

3.4

研发设计 research and development design

将需求转换为产品、过程或体系规定的特性或规范的一组过程。

3.5

生产制造 production-manufacturing

生产企业整合相关的生产资源，按预定目标进行系统性的从前端概念设计到产品实现的物化过程。

3.6

试验检测 test verification

用规范的方法检验测试某种物体指定的技术性能指标。

3.7

原材料/组部件　raw material and components

指对于生产某种产品所需的基本原料或组成部件。

3.8

售后服务　after-sale service

设计生产等过程的延续。产品出售后,生产者或销售者对消费者,承担合同约定的有关内容和履行有关法律责任的活动。

3.9

产品产能　product capacity

在计划期内,企业参与生产的全部固定资产,在既定的组织技术条件下,所能生产的产品数量。

4　企业信息

企业信息主要包括基本信息、法定代表人/负责人、公司结构、企业联系人等信息,企业信息见附录 A。

4.1　基本信息

反映企业登记注册情况的基础信息。

企业信息中的基本信息包括公司名称、税务登记证号、统一社会信用代码、营业执照号、注册所在地、公司主页、执照扫描件、行业分类、企业性质、单位类型、企业简介、是否上市公司、营业执照/许可证书签发日期、营业执照有效期至、批准文号、登记机关。

4.2　法定代表人/负责人

企业信息中法定代表人指的是依照法律或者法人组织章程规定,代表法人行使职权的负责人,是法人的法定代表人。负责人指的是个人独资企业、合伙企业、企业分支机构(分公司、办事处、代表处)等非法人企业的负责人。

企业信息中的法定代表人/负责人信息包括姓名、证件类型和证件号码。

4.3　公司结构

为了实现组织的目标,在组织理论指导下,经过组织设计形成的组织内部各个部门、各个层次之间固定的排列方式,即组织内部的构成方式。还包括组织之间的相互关系类型,如专业化协作、经济联合体、企业集团等。

企业信息中的公司结构信息包括公司组织结构图、母公司全称。

4.4　企业联系人

企业的日常联络人员。

企业信息中的企业联系人信息包括姓名、职务、业务范围、手机号码。

5　财务状况

财务状况主要包括财务信息、资信等级证明、审计报告/财务报告、股权结构一览表

18

等信息，财务状况信息见附录B。

5.1 财务信息

在财务管理中需要的有关资金及其运动的各项信息。

财务状况中的财务信息包括实收资本、基本开户银行、基本户银行账户。

5.2 资信等级证明

征信机构对企（事）业单位进行的合法征信业务活动。

财务状况中的资信等级证明信息包括银行资信等级、出具银行、出具日期、有效期至、银行资信等级证明扫描件、企业信用等级、出具机构、出具日期、有效期至、企业信用等级证明扫描件。

5.3 审计报告/财务报告

审计报告指的是注册会计师根据中国注册会计师审计准则的规定，在实施审计工作的基础上对被审计单位财务报告发表审计意见的书面文件。财务报告指的是企业向财务会计报告使用者提供与企业财务状况、经营成果和现金流量等有关会计信息，反映企业管理层受托责任履行情况的书面报告。

财务状况中的审计报告/财务报告信息包括审计年度、审计报告类型、审计报告意见、资产总额、负债总额、资产负债率、流动资产、流动负债、流动比率、主营业务收入净额、实收资本、净利润、净资产、经营活动现金流量净额、经营活动现金流入小计、审计报告/财务报告扫描件。

5.4 股权结构一览表

股份公司总股本中，不同性质的股份所占的比例及其相互关系。

财务状况中的股权结构一览表模型包括股东名称、出资比例、股权结构证明文件扫描件。

6 报告证书

报告证书包括管理体系认证一览表等信息，报告证书信息见附录C。

6.1 管理体系认证一览表

与管理体系有关的第三方证明。

报告证书中的管理体系认证一览表模型主要包括证书编号、证书名称、认证范围、认证日期、有效期至、认证机构、证书扫描件。

7 研发设计

研发设计主要包括设计软件一览表、设计图纸表、主要设计研发人员一览表、技术来源与支持、研发设计内容（选填）、产品专利一览表、软件著作权一览表、参与制定的标准一览表、产品获奖情况、高新（创新）企业证书等信息，研发设计信息见附录D。

7.1 设计软件一览表

设计软件一览表模型包括设计软件类别、设计软件名称、设计软件开发商、设计软件来源、升级方式。

7.2 设计图纸表

设计图纸表包括图纸类型、设计图纸名称、设计图纸用途、设计图纸来源、升级方式。

7.3 主要设计研发人员一览表

主要设计研发人员一览表模型包括姓名、岗位名称、学历、职称、职称证书编号、职称证书出具机构。

7.4 技术来源与支持

技术来源与支持包括是否为国家认定的企业技术中心、是否自主研发、技术来源、技术支持、技术改造、技术先进性。

7.5 研发设计内容

研发设计内容包括新产品研发情况、新材料研发情况、关键工艺技术、质量可靠方面的研究情况、新型设计软件开发情况。

7.6 产品专利一览表

一般指产品、科技的研究和开发。

产品专利一览表模型包括专利类型、专利名称、专利号、专利权人、专利申请日、证书出具机构、授权公告日、专利扫描件。

7.7 软件著作权一览表

软件著作权一览表模型包括软件著作权名称、著作权人、证书号、首次发表日期、出具机构、证书扫描件。

7.8 参与制定的标准一览表

参与制定的标准一览表模型包括标准类型、标准编号、标准名称、参与程度、参与制定标准的人员姓名、标准扫描件。

7.9 产品获奖情况

产品获奖情况包括获奖等级、完成形式、主要完成/参与人员、奖励名称、获奖项目名称、获奖日期、颁发机构。

7.10 高新（创新）企业证书

高新（创新）技术企业一般指在国家颁布的《国家重点支持的高新技术领域》范围内，持续进行研究开发与技术成果转化，形成企业核心自主知识产权，并以此为基础开展经营活动的居民企业，是知识密集、技术密集的经济实体。

研发设计中的高新（创新）企业证书包括证书编号、发证单位、发证单位归属地、有效期至、证书扫描件。

8 生产制造

生产制造主要包括人员情况一览表、关键岗位持证人员一览表等信息，生产制造信息见附录 E。

8.1 人员情况一览表

公司内部的与人员相关的情况。

生产制造中的人员情况一览表模型包括从业人数、员工人数、高级职称人员数量、中级职称人员数量、硕士研究生学历人员数量、博士研究生学历人员数量。

8.2 关键岗位持证人员一览表

生产制造中的关键岗位持证人员一览表模型包括岗位名称、姓名、身份证号码、学历、资质证书名称、资质证书编号、资质证书出具机构、资质证书出具时间、有效期至、资质证书扫描件。

9 试验检测

试验检测主要包括现场抽查报告记录、试验检测管理情况表等信息，试验检测信息见附录F。

9.1 现场抽查报告记录

试验检测中的现场抽查报告记录包括适用的产品类别、现场抽查报告时间、产品类别、抽查报告类型、抽查报告编号、报告抽查结果。

9.2 试验检测管理情况表

试验检测中的试验检测管理情况表包括产品类别、试验检测管理文件类型、试验检测管理文件名称、是否具有相应记录、整体执行情况、检测文件扫描件。

10 原材料/组部件

原材料/组部件主要包括原材料/组部件管理、委外加工项目一览表、现场原材料抽样测量记录表等信息，原材料/组部件见附录 G。

10.1 原材料/组部件管理

原材料是指企业在生产过程中经加工改变其形态或性质并构成产品主要实体的各种原料及主要材料、辅助材料、燃料、修理备用件、包装材料、外购半成品等。原材料/组部件管理指对于生产某种产品所需的基本原料或组成部件的相应管理。

原材料/组部件管理包括适用的产品类别、原材料/组部件管理文件类型、原材料/组部件管理文件名称、是否具有相应记录、整体执行情况、管理文件扫描件。

10.2 委外加工项目一览表

委外是指将工作委托给其他具有相关资质的单位实施。

原材料/组部件中的委外加工项目一览表模型包括委外加工项目名称、委外加工单位名称、委外合作方式、委外检测方式。

10.3 现场原材料抽样测量记录表

原材料/组部件中的现场原材料抽样测量记录表包括产品类别、原材料/组部件名称、原材料/组部件采购合同、原材料/组部件出厂检测报告、原材料/组部件入厂检测记录、原材料/组部件存放环境。

11 售后服务

售后服务主要包括售后服务情况、售后服务管理文件名称列表、主要售后服务人员

一览表等信息，售后服务信息见附录 H。

11.1 售后服务情况

设计生产等过程的延续，产品出售后，生产者或销售者对消费者，承担合同约定的有关内容和履行有关法律责任的活动情况。

售后服务情况主要包括售后网点所在省份、售后服务网点数量、售后服务人数和售后服务响应时限。

11.2 售后服务管理文件名称列表

售后服务管理文件名称列表包括售后服务管理文件名称。

11.3 主要售后服务人员一览表

主要售后服务人员一览表模型主要包括姓名、岗位名称、服务地域范围、学历、从事本行业工作年限、是否具有资质证书、证书出具机构、是否具有培训证明和培训时间。

12 产品产能

产品产能主要包括生产能力表等信息，产品产能信息见附录 I。

12.1 生产能力表

在计划期内，企业参与生产的全部固定资产，在既定的组织技术条件下所能生产的产品数量，或者能够处理的原材料数量。

生产能力表包括产品产能电压等级、设计年生产能力、单一产品年生产能力、年产能单位、产能计算报告。

附　录　A
（规范性附录）
企　业　信　息

项目编码					项目名称	说明
通用信息标识代码	模块代码	表代码	字段代码	字段值代码		
G0000002.	A				企业信息	企业信息是指工商行政管理部门登记的企业从事生产经营活动过程中形成的信息，以及政府部门在履行职责过程中产生的能够反映企业状况的信息。
		01			基本信息	反映企业登记注册情况的基础信息。
			0101		公司名称	一个机构的中文名称，该名称须经登记管理部门所核准应使用机构的全称。
			0102		税务登记证号	在税务机构的登记证号码。
			0103		统一社会信用代码	每一个法人和其他组织在全国范围内唯一的、终身不变的法定身份识别码。
			0104		营业执照号	营业执照标明的企业登记注册号。
			0105		注册所在地	公司营业执照发证机关所属省、市、县（区）。
			0106		注册地址	机构登记管理部门核发的有效证照或批文上登记的住所地址。
			0107		公司主页	公司的互联网地址。
			0108		执照扫描件	用扫描仪将营业执照正本或者副本扫描保存在电脑里面，以电子文件的形式展现出来的营业执照的表现形式。
			0109		行业分类	企业所处的行业类别，按国民经济行业划分。
			0110		企业性质	按不同资本（资金来源和资本组合方式）划分的经济组织和其他组织机构的类别。
				001	政府部门	在我国境内通过政治程序建立的、在一特定区域内对其他机构单位拥有立法、司法和行政权的法律实体及其附属单位。
				002	国资委管理的中央企业	由国务院国资委管理的中央企业，来源于国务院国有资产监督管理委员会官网—央企名录。

表（续）

项目编码					项目名称	说明
通用信息标识代码	模块代码	表代码	字段代码	字段值代码		
				003	财政部、中央汇金公司管理的中央企业	由财政部、中央汇金公司管理的中央企业，属于金融行业。
				004	国务院其他部门或群众团体管理的中央企业	由国务院其他部门或群众团体管理的中央企业，属于烟草、黄金、铁路客货运、港口、机场、广播、电视、文化、出版等行业。
				005	地方国有企业	由地方政府监督管理的国有企业。
				006	民营企业	在中国境内除国有企业、国有资产控股企业、外商投资企业和集体所有制企业以外的所有企业，包括个人独资企业、合伙制企业、有限责任公司和股份有限公司。
				007	外商企业	依照中国法律在中国境内设立的，由中国投资者与外国投资者共同投资，或者由外国投资者单独投资的企业。
				008	集体所有制企业	财产属于劳动群众集体所有，实行共同劳动，在分配方式上以按劳分配为主体的社会主义经济组织。
			0111		单位类型	以企业登记机关、机构编制管理机关和社会团体登记机关核定或确定的类型为准，参照其他法律、法规规定的组织机构等级或批准机关核定或确定的类型。
				001	企业非法人	经工商行政管理机关登记注册，从事营利性生产经营活动，但不具有法人资格的经济组织。
				002	事业法人	依靠国家预算拨款，从事非营利性的社会公益事业活动的各类法人组织。
				003	事业非法人	依靠国家预算拨款，从事非营利性的社会公益事业活动，设有代表人或管理人但未取得法人资格。
				004	社团法人	为实现一定目的，由一定数目社员结合而设立的法人。
				005	社团非法人	为实现一定目的，由一定数目社员结合而设立的非法人。
				006	机关法人	依法行使国家权力，并因行使国家权力的需要而享有相应的民事权利能力和民事行为能力的国家机关。

表（续）

项目编码					项目名称	说明
通用信息标识代码	模块代码	表代码	字段代码	字段值代码		
				007	机关非法人	依法享有国家赋予的权力，但不具有法人资格。
				999	其他	其他单位类型。
			0112		企业简介	企业简明扼要的介绍。
			0113		是否上市公司	上市公司是指所公开发行的股票经过国务院或者国务院授权的证券管理部门批准在证券交易所上市交易的股份有限公司；非上市公司是指其股票没有上市和没有在证券交易所交易的股份有限公司。
			0114		营业执照/许可证书签发日期	营业执照标明的登记日期，又称核准日期、发证日期（如律师事务所许可证书），采用 YYYYMMDD 的日期形式。
			0115		营业执照有效期至	营业执照标识的存续有效期的截止日，又称营业期限、经验期限、合伙期限，采用 YYYYMMDD 的日期形式。
			0116		批准文号	批准机关出具的批准文件号。
			0117		登记机关	指企业核准注册登记机关的名称，机构编制赋码机关的名称，事业单位登记管理机关的名称，社会团体登记机关的名称，其他合法的注册或登记管理机构的名称。应填写全称。又称登记管理机关、开证机关。
		02			**法定代表人/负责人**	法定代表人：依照法律或者法人组织章程规定，代表法人行使职权的负责人，是法人的法定代表人。负责人：个人独资企业、合伙企业、企业分支机构（分公司、办事处、代表处）等非法人企业的负责人，又称经营者、执行事务合伙人。
			0101		姓名	由法律、法规规定的组织机构登记机关或批准机关核发的有效证照或批文上的法定代表人姓名或负责人姓名。
			0102		证件类型	法定代表人（或负责人）有效身份证件类型名称。
				001	身份证	一般居民证明身份的证件。
				002	护照	华侨、外籍人士证明身份的证件。

表（续）

项目编码					项目名称	说明
通用信息标识代码	模块代码	表代码	字段代码	字段值代码		
				0103	证件号码	登记管理部门登记的法定代表人或负责人有效身份证件的号码。
		03			**公司结构**	为了实现组织的目标,在组织理论指导下,经过组织设计形成的组织内部各个部门、各个层次之间固定的排列方式,即组织内部的构成方式;还包括组织之间的相互关系类型,如专业化协作、经济联合体、企业集团等。
			0101		公司组织结构图	将企业组织分成若干部分,并且标明各部分之间可能存在的各种关系。
			0102		母公司全称	实际控制公司的母公司名称。
		04			**企业联系人**	企业的日常联络人员。
			0101		姓名	日常联络人员姓名。
			0102		职务	企业联系人担任企业职务的具体名称。
			0103		业务范围	企业联系人在企业具体需要处理的事务。
				001	投标	投标人(卖方)应招标人的邀请,根据招标通告或招标单所规定的条件,在规定的期限内,向招标人递盘的行为。
				002	核实	审核材料是否属实。
				003	合同	根据合同进行项目的监督和言理等活动。
				004	售后	交易完成后进行的相关活动。
			0104		手机号码	企业联系人的移动电话号码

附 录 B
（规范性附录）
财 务 状 况

项目编码					项目名称	说明
通用信息标识代码	模块代码	表代码	字段代码	字段值代码		
G0000002.	B				**财务状况**	企业在某一时刻经营资金的来源和分布状况。
		01			**财务信息**	在财务管理中需要的有关资金及其运动的各项信息。
			0101		实收资本	投资者按照企业章程，或合同、协议的约定，实际投入企业的资本。
			0102		基本户开户银行	企业办理日常转账结算和现金收付的开户银行名称。
			0103		基本户银行账户	企业办理日常转账结算和现金收付的账户在银行的唯一标识号码。
		02			**资信等级证明**	征信机构对企（事）业单位进行的合法征信业务活动。
			0101		银行资信等级	银行对企（事）业单位进行合法征信业务活动后出具的资信等级证书。
			0102		出具银行	出具资信证明函件来证明客户信誉状况的银行名称。
			0103		出具日期	资信等级证书有效期的起始年月日，采用 YYYYMMDD 的日期形式。
			0104		有效期至	资信等级证书有效期的终止年月日，采用 YYYYMMDD 的日期形式。
			0105		银行资信等级证明扫描件	用扫描仪将营业执照正本或者副本扫描保存在电脑里面，以电子文件的形式展现出来的银行资信等级证明的表现形式。
			0106		企业信用等级	用既定的符号标识评级企业未来偿还能力及偿还意愿可能性的级别结果，企业信用等级表示方法: 按照信用程度原则上从高到低分为 A、B、C、D 四等，每等可进一步细分为级。
			0107		出具机构	对企业信用等级进行评定的金融机构或其授权机构的中文全称。

表（续）

项目编码					项目名称	说明
通用信息标识代码	模块代码	表代码	字段代码	字段值代码		
			0108		出具日期	评级机构信用评级报告出具日期，采用 YYYYMMDD 的日期形式。
			0109		有效期至	主体信用评级等级生效起始日起一年内最后一天的日期；债券信用评级等级终止日期为债券存续期最后一日，采用 YYYYMMDD 的日期形式。
			0110		企业信用等级证明扫描件	用扫描仪将企业信用等级证明正本扫描保存在电脑里面，以照片的形式展现出来的信用等级证明。
		03			**审计报告/财务报告**	*审计报告：注册会计师根据中国注册会计师审计准则的规定，在实施审计工作的基础上对被审计单位财务报表发表审计意见的书面文件。财务报告：企业向财务会计报告使用者提供与企业财务状况、经营成果和现金流量等有关会计信息，反映企业管理层受托责任履行情况的书面报告。*
			0101		审计年度	所审计的会计报表所属年度。
			0102		审计报告类型	审计报告的类型，如年度财务审计、专项审计、其他。
				001	年度财务审计	审计机构在被审计单位会计年度结束时，对其全年的凭证、账目、报表等会计资料及其反映的经济活动所进行的审计。
				002	专项审计	审计机构对被审单位特定事项进行的审核、稽查。
				999	其他	其余审计报告类型。
			0103		审计报告意见	审计报告共有 4 种基本类型，无保留意见、保留意见、否定意见和无法表达意见。
				001	无保留意见	
				002	保留意见	
				003	否定意见	
				004	无法表达意见	
			0104		资产总额	合并资产负债表中的总资产额。

表（续）

项目编码					项目名称	说明
通用信息标识代码	模块代码	表代码	字段代码	字段值代码		
			0105		负债总额	企业所承担的能以货币计量，将以资产或劳务偿付的债务；其偿付形式可以用货币，也可以用资产或提供劳务的方式进行；负债一般按其偿还期长短分为流动负债和长期负债、递延税项等。
			0106		资产负债率	企业负债总额/资产总额，用于评价企业的长期偿债能力。
			0107		流动资产	可以在1年或者超过1年的一个营业周期内变现或耗用的资产，主要包括现金、银行存款、短期投资、应收及预付款项、待摊费用、存货等。
			0108		流动负债	将在1年（含1年）或者超过1年的一个营业周期内偿还的债务，包括短期借款、应付票据、应付账款、预收账款、应付工资、应付福利费、应付股利、应交税金、其他暂收应付款项、预提费用和一年内到期的长期借款等。
			0109		流动比率	企业流动资产/流动负债，用于评价企业的短期偿债能力。
			0110		主营业务收入净额	企业当期主要经营活动所取得的收入减去折扣与折让后的数额，数据可取自利润及利润分配表。
			0111		实收资本	投资者按照企业章程，或合同、协议的约定，实际投入企业的资本。
			0112		净利润	在利润总额中按规定缴纳了所得税后公司的利润留成，一般也称为税后利润或净利润。
			0113		净资产	会计主体所有资产减去所有负债后的差额，用会计等式表示为：资产－负债=净资产。
			0114		经营活动现金流量净额	经营现金毛流量扣除经营运资本增加后企业可提供的现金流量。
			0115		经营活动现金流入小计	投资项目寿命周期内发生的现金流入量；现金流入量主要包括：① 营业收入；指投资项目正常经营后的整个寿命周期内，于每期相对均匀发生的营业现金收入或营运成本的降低额；② 其他收入；指投资项目寿命周期内于某期发生的固定资产中途变价收入和投资项目寿命期满时所发生的固定资产残值收入及净流动资金收回等。

表（续）

项目编码					项目名称	说明
通用信息标识代码	模块代码	表代码	字段代码	字段值代码		
			0116		审计报告/财务报表扫描件	用扫描仪将财务报告/财务报表证明正本/副本扫描保存在电脑里面，以照片的形式展现出来的财务报告/财务报表的表现形式。
		04			**股权结构一览表**	股份公司总股本中，不同性质的股份所占的比例及其相互关系。
			0101		股东名称	对股份公司债务负有限或无限责任，并凭持有股票享受股息和红利的个人或单位名称。
			0102		出资比例	合营企业的合营各方在筹办时协商各自出资的比例标准，应在合营合同、章程中加以确定。
			0103		股权结构证明文件扫描件	用扫描仪将股权结构证明正本扫描保存在电脑里面，以照片的形式展现出来的股权结构证明的表现形式

附　录　C
（规范性附录）
报　告　证　书

项目编码					项目名称	说明
通用信息标识代码	模块代码	表代码	字段代码	字段值代码		
G0000002.	C				报告证书	由机关等发的证明资格或权力的文件。
		01			管理体系认证一览表	与管理体系有关的第三方证明。
			0101		证书编号	认证证书上标明的编号。
			0102		证书名称	认证证书上标明的名称全称。
				001	质量管理体系认证	由第三方公证机构依据公开发布的环境管理体系标准（ISO14000 环境管理系列标准），对企业的环境管理体系实施评定，评定合格的由第三方机构颁发环境管理体系认证证书，并给予注册公布，证明企业具有按既定环境保护标准和法规要求提供产品或服务的环境保证能力。
				002	职业健康安全管理体系认证	与制定和实施组织的职业健康安全方针并管理其职业健康安全风险有关的第三方认证。
				003	环境管理体系认证	由取得质量管理体系认证资格的第三方认证机构，依据正式发布的质量管理体系标准，对企业的质量管理体系实施评定，评定合格的由第三方机构颁发质量管理体系认证证书，并给予注册公布，以证明企业质量管理和质量保证能力符合相应标准或有能力按规定的质量要求提供产品的活动。
			0103		认证范围	证明所覆盖的合格评定对象的范围或特性。
			0104		认证日期	认证证书有效期的起始年月日，采用 YYYYMMDD 的日期形式。
			0105		有效期至	认证证书有效期的截止年月日，采用 YYYYMMDD 的日期形式。
			0106		认证机构	经国务院认证认可监督管理部门批准，并依法取得法人资格，有某种资质，可从事批准范围内的认证活动的机构。
			0107		证书扫描件	用扫描仪将认证证书正本扫描保存在电脑里面，以电子文件的形式展现出来的认证证书的表现形式

附　录　D
（规范性附录）
研　发　设　计

项目编码					项目名称	说明
通用信息标识代码	模块代码	表代码	字段代码	字段值代码		
G0000002.	D				**研发设计**	
		01			**设计软件一览表**	
			0101		设计软件类别	按软件功能和用途等进行划分的分类名称。
			0102		设计软件名称	软件的专属名称。
			0103		设计软件开发商	研发设计软件的开发商名称。
			0104		设计软件来源	设计软件的来源。
				001	自主研发	企业通过自有资源开展设计并获得设计成果。
				002	购买	通过转让资产、承担负债或发行股票等方式，由一个企业获得对另一个企业净资产和经营权控制的合并行为。
				003	租用	在约定的期间内，出租人将资产使用权让与承租人以获取租金的行为。
				999	其他	其他来源。
			0105		升级方式	获取新版本或新功能所采取的方式，如付费、自主升级等。
		02			**设计图纸表**	
			0101		图纸类型	标有尺寸、方位及技术参数等施工所需细节和业主希望修建的工程实物的图示表达类型。
				001	工程图册	
				002	国网典设图册	由国家电网公司颁发的典型设计图册。
				999	其他	其他图纸类型。
			0102		设计图纸名称	设计图纸的名字。
			0103		设计图纸用途	设计图纸应用的方面、范围。
				001	组部件设计	对某种产品组成部件开展设计。

表（续）

项目编码					项目名称	说明
通用信息标识代码	模块代码	表代码	字段代码	字段值代码		
				002	结构设计	产品开发环节中结构设计工程师根据产品功能而进行的内部结构的设计工作。
				999	其他	除上述途径以外，其他的设计图纸用途。
			0104		设计图纸来源	设计图纸的来源。
				001	用户提供	由需求方提供的图纸。
				002	自主设计	由企业通过自有资源开展设计并获得设计成果。
				003	购买	通过转让资产、承担负债或发行股票等方式，由一个企业获得对另一个企业净资产和经营权控制的合并行为。
				004	租用	在约定的期间内，出租人将资产使用权让与承租人以获取租金的行为。
				999	其他	除上述来源以外，其他的设计图纸来源。
			0105		升级方式	获取新版本或新功能所采取的方式。
		03			**主要设计研发人员一览表**	
			0101		姓名	从事设计研发的本企业人员姓名。
			0102		岗位名称	从事设计研发的本企业人员岗位名称。
			0103		学历	经教育行政部门批准，实施学历教育、由国家认可的拥有文凭颁发权力的学校及其他教育机构所颁发的学历证书。
				001	硕士及以上	取得硕士研究生及以上毕业证书。
				002	本科	即大学本科，是高等教育的基本组成部分，学生毕业后一般可获"学士"学位。
				999	其他	除上述以外，其他学历。
			0104		职称	专业技术人员的专业技术水平、能力，以及成就的等级称号，是反映专业技术人员的技术水平、工作能力的标志。

表（续）

项目编码					项目名称	说明
通用信息标识代码	模块代码	表代码	字段代码	字段值代码		
				001	高级	高级职称是职称中的最高级别，分正高级和副高级两类。
				002	中级	介于高级和初级之间的职称。
				999	其他	除上述以外，其他等级。
			0105		职称证书编号	职称证书上对应的证书编号。
			0106		职称证书出具机构	职称证书上对应的发证单位。
		04			**技术来源与支持**	
			0101		是否为国家认定的企业技术中心	是否拥有国家相关部门颁发的企业技术中心资质并在国家相关网站上可查询。
			0102		是否自主研发	企业是否通过自有资源开展设计研发。
			0103		技术来源	某种产品在研发和生产（制造）过程中所运用的技术名称及出处。
			0104		技术支持	某种产品在研发和生产（制造）过程中所获得的支持机构名称。
			0105		技术改造	企业采用先进的、适用的新技术、新工艺、新设备、新材料等对现有设施、生产工艺条件进行的改造。
			0106		技术先进性	代表一个历史时期较高水平的和对社会经济发展起着领先作用的技术。此处主要指优于其他同类技术的部分。
		05			**研发设计内容（选填）**	一般指产品、科技的研究和开发。
			0101		新产品研发情况	采用新技术原理、新设计构思研制、生产的全新产品，或在结构、材质、工艺等某一方面比原有产品有明显改进，从而显著提高了产品性能或扩大了使用功能的产品研发情况。
			0102		新材料研发情况	新近发展或正在发展的具有优异性能的结构材料和有特殊性质的功能材料研发情况。
			0103		关键工艺技术、质量可靠方面的研究情况	工艺技术包括从原料投入到产品包装全过程的原料配方、工艺路线、工艺流程、工艺流程图、工艺步骤、工艺指标、操作要点、工艺控制等。

表（续）

项目编码					项目名称	说明
通用信息 标识代码	模块 代码	表 代码	字段 代码	字段值 代码		
			0104		新型设计软件开发情况	对新式设计软件的开拓和利用情况。
		06			**产品专利一览表**	
			0101		专利类型	根据发明的基本功能又兼顾技术所属领域而编制成的分类体系，分为发明、实用新型、外观设计三种。
				001	实用新型专利	实用新型是指对产品的形状、构造或者其结合所提出的适于实用的新的技术方案。
				002	发明专利	发明是指对产品、方法或者其改进所提出的新的技术方案。授予专利权的发明，应当具备新颖性、创造性和实用性。
				003	外观设计	对产品的形状、图案或者其结合以及色彩与形状、图案的结合所作出的富有美感并适于工业应用的新设计。
			0102		专利名称	为了识别某一项专利的专属名词。
			0103		专利号	在授予专利权时给出的编号，是文献号的一种。
			0104		专利权人	可以申请并取得专利权的单位或个人，也就是专利权的主体。
			0105		专利申请日	国务院专利行政部门收到专利申请文件的日期，采用 YYYYMMDD 的日期形式。
			0106		证书出具机构	专利证书上的颁发部门。
			0107		授权公告日	国务院专利行政部门公告授予专利权的日期。
			0108		专利扫描件	用扫描仪将专利证书扫描保存在电脑里面，以电子文件的形式展现出来的专利证书。
		07			**软件著作权一览表**	
			0101		软件著作权名称	获得软件著作权的软件名称。
			0102		著作权人	依法对文学、艺术和科学作品享有著作权的人。
			0103		证书号	即证明编号，在新的证书上称为证书号（也称软著登字第号）。

表（续）

项目编码					项目名称	说明
通用信息标识代码	模块代码	表代码	字段代码	字段值代码		
			0104		首次发表日期	著作权人首次公开发表软件的日期。
			0105		出具机构	有权出具著作权证书的法定机构名称，如中华人民共和国国家版权局。
			0106		证书扫描件	用扫描仪将证书扫描保存在电脑里面，以电子文件的形式展现出来的证书的表现形式。
		08			参与制定的标准一览表	
			0101		标准类型	标准的性质或类别。
				001	国际标准	国际标准化组织（ISO）、国际电工委员会（IEC）和国际电信联盟（ITU）制定的标准，以及国际标准化组织确认并公布的其他国际组织制定的标准。
				002	国家标准	由国务院批准发布或者授权批准发布的标准，分为强制性国家标准和推荐性国家标准。
				003	行业标准	由国务院有关行政主管部门制定，报国务院标准化行政主管部门备案的标准。
				004	团体标准	由团体按照团体确立的标准制定程序自主制定发布，由社会自愿采用的标准。
				005	企业标准	企业标准是在企业范围内需要协调、统一的技术要求、管理要求和工作要求所制定的标准，是企业组织生产、经营活动的依据。
			0102		标准编号	标准应当按照编号规则进行的编号。标准编号有国际标准编号和我国的国家标准编号两种，国际标准基本结构为：标准代号+专业类号+顺序号+年代号；中国标准的编号由标准代号、标准发布顺序和标准发布年代号构成。
			0103		标准名称	规范性的必备要素，可直接反映标准化对象的范围和特征，关系到标准信息的传播效果。
			0104		参与程度	对标准内容的贡献程度。
				001	主要起草	制定标准工作中关系最大、起决定作用的。

表（续）

项目编码					项目名称	说明
通用信息标识代码	模块代码	表代码	字段代码	字段值代码		
				002	参与起草	制定标准工作中起辅助作用，是以第二或第三方的身份加入、融入之中。
			0105		参与制定标准的人员姓名	参与制定标准的人员的姓名列表。
			0106		标准扫描件	用扫描仪将标准扫描保存在电脑里面，以电子文件的形式展现出来的标准的表现形式。
		09			**产品获奖情况**	
			0101		获奖等级	获奖证书的颁发者的级别。
				001	国家级	为奖励在科技进步活动中做出突出贡献的公民、组织，由国务院设立的五项国家科学技术奖：国家最高科学技术奖、国家自然科学奖、国家技术发明奖、国家科学技术进步奖和中华人民共和国国际科学技术合作奖。
				002	省部级	中华人民共和国各省、自治区、直辖市党委或人民政府直接授予的奖励，教育部、文化部、公安部、国家国防科技工业局等国家部委和中国人民解放军直接授予的奖励。
				003	地市级	介于省级行政区与县级行政区之间的行政单位颁发的奖项。
			0102		完成形式	完成的方法，分为独立完成或参与完成。
			0103		主要完成/参与人员	独立完成或参与完成的人员姓名。
			0104		奖励名称	产品获得奖励的类型名称，如"××省科技进步奖"。
			0105		获奖项目名称	获得奖励的具体项目的名称。
			0106		获奖日期	产品所获奖励（证书等）的落款日期。
			0107		颁发机构	颁发产品所获奖励（证书等）的主管机构。
		10			**高新（创新）企业证书**	根据《高新技术企业新认定管理办法》，由科委会等审核并向通过申请的企业颁发的高新技术企业证书。
			0101		证书编号	证书上利用有序或无序的任意符号按顺序编号数或者编定的号数。

表（续）

项目编码					项目名称	说明
通用信息标识代码	模块代码	表代码	字段代码	字段值代码		
			0102		发证单位	颁发证书的机构名称。
			0103		发证单位归属地	颁发高新技术企业证书的单位所属区域，归属地的单位是市。
			0104		有效期至	证书有效的截止日期。
			0105		证书扫描件	用扫描仪将证书扫描保存在电脑里面，以电子文件的形式展现出来的证书

附 录 E
（规范性附录）
生 产 制 造

项目编码					项目名称	说明
通用信息 标识代码	模块 代码	表 代码	字段 代码	字段值 代码		
G0000002.	E				生产制造	生产企业整合相关的生产资源，按预定目标进行系统性的从前端概念设计到产品实现的物化过程。
		01			人员情况一览表	公司内部的与人员相关的情况。
			0101		从业人数	在企业中工作，取得劳动报酬或经营收入的人员总数。
			0102		员工人数	签订正式劳务合同的工作人员数量。
			0103		高级职称人员数量	具有高级职务级别的人员数量。
			0104		中级职称人员数量	具有中级职务级别的人员数量。
			0105		硕士研究生学历人员数量	在教育机构接受科学、文化知识训练并获得国家教育行政部门认可的硕士研究生学历证书的人员数量。
			0106		博士研究生学历人员数量	在教育机构接受科学、文化知识训练并获得国家教育行政部门认可的博士研究生学历证书的人员数量。
		02			关键岗位持证人员一览表	
			0101		岗位名称	生产技术人员在公司岗位名录中的岗位名称。
			0102		姓名	在户籍管理部门正式登记注册、人事档案中正式记载的姓氏名称。
			0103		身份证号码	企业联系人身份证件上记载的、可唯一标识个人身份的号码。
			0104		学历	受教育者在教育机构接受科学、文化知识训练并获得国家教育行政部门认可的学历证书的经历的名称。
				001	博士	
				002	硕士	
				003	本科	
				004	专科	

表（续）

项目编码					项目名称	说明
通用信息标识代码	模块代码	表代码	字段代码	字段值代码		
				999	其他	其他学历。
			0105		资质证书名称	行业资质等级的名称。
			0106		资质证书编号	资质证书的编号或号码。
			0107		资质证书出具机构	资质评定机关的中文全称。
			0108		资质证书出具时间	资质评定机关核发资质证书的年月日，采用 YYYYMMDD 的日期形式。
			0109		有效期至	资质证书登记的有效期的终止日期，采用 YYYYMMDD 的日期形式。
			0110		资质证书扫描件	用扫描仪将资质证书正本扫描保存在电脑里面，以照片的形式展现出来的资质证书的表现形式

附　录　F
（规范性附录）
试　验　检　测

项目编码					项目名称	说明
通用信息标识代码	模块代码	表代码	字段代码	字段值代码		
G0000002.	F				**试验检测**	
		01			**现场抽查报告记录**	
			0101		适用的产品类别	实际抽样的产品类别可用来代表该类产品的试验。
			0102		现场抽查报告时间	现场抽查报告的时间。
			0103		产品类别	将产品以电压等级+小类进行归类。
			0104		抽查报告类型	
				001	出厂试验报告及原始记录	用于确定产品其是否符合出场某一准则而进行的试验的报告及其试验原始记录。
				002	检测报告	检验机构应申请检验人要求，对产品进行检测后出具的一份客观的书面证明文件。
				999	其他	除上述以外，其他抽查报告类型。
			0105		抽查报告编号	抽查报告上采用字母、数字混合字符组成的用以标识检测报告的完整的、格式化的一组代码。
			0106		报告抽查结果	报告抽查的结果。
		02			**试验检测管理情况表**	
			0101		产品类别	将产品以电压等级+小类进行归类。
			0102		试验检测管理文件类型	
				001	试验规章制度	制定的组织试验过程和进行试验管理的规则和制度的总和。
				002	试验操作规程	主要是针对电气设备进行高压试验的操作规定及操作指导。
			0103		试验检测管理文件名称	试验检测管理文件的专用称呼。
			0104		是否具有相应记录	是否将试验检测管理的整个流程用一定的方式记录下来。

表（续）

项目编码					项目名称	说明
通用信息标识代码	模块代码	表代码	字段代码	字段值代码		
			0105		整体执行情况	总体执行情况。
				001	良好	整体执行情况良好。
				002	一般	整体执行情况一般。
				003	较差	整体执行情况较差。
			0106		检测文件扫描件	用扫描仪将检测文件扫描保存在电脑里面，以电子文件的形式展现出来的检测文件的表现形式

附　录　G
（规范性附录）
原 材 料/组 部 件

项目编码					项目名称	说明
通用信息标识代码	模块代码	表代码	字段代码	字段值代码		
G0000002.	G				原材料/组部件	原材料指生产某种产品的基本原则；组成部件指某种产品的组成部件。
		01			原材料/组部件管理	对于生产某种产品所需的基本原料或组成部件的相应管理。
			0101		适用的产品类别	将产品以电压等级+小类进行归类。
			0102		原材料/组部件管理文件类型	原材料/组部件管理文件的类型。
				001	原材料/组部件供应商筛选制度/文件	一般为规范供应商管理，提高供应商质量，对供应商进行筛选的相关管理制度、标准、文件等。
				002	原材料/组部件进厂检验制度/文件	一般为规范物料管理，对原材料/组部件进厂检验方面制定的相关管理制度、标准、文件等。
				003	原材料/组部件出入库制度/文件	一般为规范物料管理，对原材料/组部件出库、入库等方面制定的相关管理制度、标准、文件等。
				004	原材料/组部件现场管理制度/文件	一般包括对原材料/组部件存放现场相关的存放/摆放布置要求、储存要求、定期检查要求、现场管理要求等方面制定的相关制度/文件。
				005	产品检验管理制度/文件	用工具、仪器或其他分析方法检查各种原材料、半成品、成品是否符合特定的技术标准和规格这一工作过程中的管理制度/文件。
				006	管理制度	对一定的管理机制、管理原则、管理方法以及管理机构设置的规范制度。
				007	操作规程	有权部门为保证本部门的生产、工作能够安全、稳定、有效运转而制定的，相关人员在操作设备或办理业务时必须遵循的程序或步骤。
				008	试验标准	以产品性能与质量方面的检测、试验方法为对象而制定的标准。
				999	其他	其他文件类型。

表（续）

项目编码					项目名称	说明
通用信息标识代码	模块代码	表代码	字段代码	字段值代码		
			0103		原材料/组部件管理文件名称	用于管理原材料/组部件的相关管理文件的名称。
			0104		是否具有相应记录	对于原材料/组部件按照相关制度/文件进行管理的过程记录，包括检验记录、出入库记录、检验记录、不合格原材料处理记录等。
			0105		整体执行情况	总体执行情况。
				001	良好	整体执行情况良好。
				002	一般	整体执行情况一般。
				003	较差	整体执行情况较差。
			0106		管理文件扫描件	用扫描仪将管理文件扫描保存在电脑里面，以电子文件的形式展现出来的管理文件。
		02			**委外加工项目一览表**	委外加工指的是将工作委托给其他具有相关资质的单位进行生产。
			0101		委外加工项目名称	委外加工项目的正式名称，一般使用整体项目的总称，也可以包括型号以及自定义词汇。
			0102		委外加工单位名称	委外加工方的法人单位名称，即经各级工商行政管理部门核准，进行企业法人登记的名称。
			0103		委外合作方式	个人与个人、群体与群体之间为达到共同目的，彼此相互配合的一种联合行动、方式。
				001	长期	生产者可以调整全部生产要素数量的时期。
				002	短期	生产者来不及调整全部生产要素的数量，至少有一种生产要素的数量是固定不变的时间周期。
			0104		委外检测方式	检测是用指定的方法检验测试某种物体（气体、液体、固体）指定的技术性能指标；方式是指规定或认可的形式和方法。
				001	全检	对整批产品逐个进行检验，把其中的不合格品拣出来。
				002	抽检	从一批产品中按照一定规则随机抽取少量产品（样本）进行检验，据以判断该批产品是否合格。

表（续）

项目编码					项目名称	说明
通用信息标识代码	模块代码	表代码	字段代码	字段值代码		
		03			**现场原材料抽样测量记录表**	记录现场原材料抽样测量结果的表格。
			0101		产品类别	按产品种类不同而做出的区别。
			0102		原材料/组部件名称	原材料是指生产某种产品的基本原料。组部件是机械的一部分,由若干装配在一起的零件所组成,此处指产品的组成部件。
			0103		原材料/组部件采购合同	企业（供方）与分供方,经过双方谈判协商一致同意而签订的"供需关系"的法律性文件,合同双方都应遵守和履行,并且是双方联系的共同语言基础。
			0104		原材料/组部件出厂检测报告	对装配完成的产品（原材料/组部件）是否能够达到出厂技术标准要经过各项检测来验证,验证完成后形成的检测报告。
			0105		原材料/组部件入厂检测记录	对装配完成的产品（原材料/组部件）是否能够达到入厂技术标准要经过各项检测来验证,验证完成后形成的检测报告。
			0106		原材料/组部件存放环境	存放的空间中影响原材料/组部件耐久性的各种自然因素的总体。
				001	良好	原材料/组部件存放环境良好。
				002	一般	原材料/组部件存放环境一般。
				003	较差	原材料/组部件存放环境较差

项目编码					项目名称	说明
通用信息标识代码	模块代码	表代码	字段代码	字段值代码		
G0000002.	H				**售后服务**	设计生产等过程的延续产品出售后，生产者或销售者对消费者，承担合同约定的有关内容和履行有关法律责任的活动。
		01			**售后服务情况**	设计生产等过程的延续，产品出售后，生产者或销售者对消费者，承担合同约定的有关内容和履行有关法律责任的活动情况。
			0101		售后网点所在省份	直接面向顾客提供相关售后服务的厂商授权的服务机构分布省份。
			0102		售后服务网点数量	直接面向顾客提供相关售后服务的厂商授权的服务机构数量。
			0103		售后服务人数	使用售后服务网络，按照售后服务要求，从事管理规划、咨询、维修、服务跟踪等服务技术或内容的业务人员数量。
			0104		售后服务响应时限	售后服务提供者自受理顾客投诉之时起，到完成顾客投诉处理的时间限度。
		02			**售后服务管理文件名称列表**	公司内部售后服务管理文件名称的列表。
			0101		售后服务管理文件名称	公司内部售后服务管理文件的名称。
		03			**主要售后服务人员一览表**	使用售后服务网络，按照售后服务要求，从事管理规划、咨询、维修、服务跟踪等服务技术或内容的业务人员。
			0101		姓名	售后服务人员的姓名。
			0102		岗位名称	主要售后服务人员在公司岗位名录中的岗位名称。
			0103		服务地域范围	主要售后服务人员负责的省份。
			0104		学历	受教育者在教育机构接受科学、文化知识训练并获得国家教育行政部门认可的学历证书的经历的名称。

表（续）

项目编码					项目名称	说明
通用信息标识代码	模块代码	表代码	字段代码	字段值代码		
				001	博士	
				002	硕士	
				003	本科	
				004	专科	
				999	其他	其他学历。
			0105		从事本行业工作年限	从事售后服务行业工作的时长，一般按周年计算。
			0106		是否具有资质证书	是否具有行业资质等级证书。
			0107		证书出具机构	对售后服务人员进行资质评定的机构中文全称。
			0108		是否具有培训证明	是否具有证明参与培训的文件。
			0109		培训时间	主要售后服务人员参与培训的年月日，采用 YYYYMMDD 的日期形式

附 录 I
（规范性附录）
产 品 产 能

项目编码					项目名称	说明
通用信息 标识代码	模块 代码	表 代码	字段 代码	字段值 代码		
G0000002.	I				产品产能	
		01			生产能力表	在计划期内，企业参与生产的全部固定资产，在既定的组织技术条件下，所能生产的产品数量，或者能够处理的原材料数量。
			0101		产品产能电压等级	产品电压等级。
				001	6	6kV 电压等级。
				002	10	10kV 电压等级。
				003	13.8	13.8kV 电压等级。
				004	15.75	15.75kV 电压等级。
				005	20	20kV 电压等级。
				006	35	35kV 电压等级。
				007	66	66kV 电压等级。
				008	110	110kV 电压等级。
				009	220	220kV 电压等级。
				010	330	330kV 电压等级。
				011	500	500kV 电压等级。
				012	750	750kV 电压等级。
				013	1000	1000kV 电压等级。
				999	其他	其他电压等级。
			0102		设计年生产能力	企业生产产品的全部设备（包括主要设备、辅助设备、运输设备、动力设备等）在原材料、材料动力充分、劳动力配备合理以及设备正常运转条件下，可能达到的年产量。
			0103		单一产品年生产能力	企业生产某种产品的全部设备（包括主要设备、辅助设备、运输设备、动力设备等）在原材料、材料动力充分、劳动力配备合理以及设备正常运转条件下，可能达到的年产量。

表（续）

项目编码					项目名称	说明
通用信息标识代码	模块代码	表代码	字段代码	字段值代码		
			0104		年产能单位	数学方面或物理方面计量事物的标准量的名称，如"台、个、只"等量词。
			0105		产能计算报告	对一个企业产品产能的分析计算报告。报告主要分析一个企业一年或者一个月的总生产能力，是评估该企业产值的一个标准

交流变压器供应商专用信息

目　次

交流变压器供应商专用信息

1 范围

本部分规定了交流变压器类物资供应商的报告证书、研发设计、生产制造、试验检测、原材料/组部件和产品产能等专用信息数据规范。

本部分适用于国家电网有限公司供应商资质能力信息核实工作，以及涉及供应商数据的相关应用。

本部分适用的交流变压器类物料及其物料组编码见附录 A。

2 规范性引用文件

下列文件对于本文件的应用是必不可少的。凡是注日期的引用文件，仅注日期的版本适用于本文件。凡是不注日期的引用文件，其最新版本（包括所有的修改单）适用于本文件。

GB 1094.1—2013　电力变压器　第 1 部分：总则

GB 1094.2—2013　电力变压器　第 2 部分：液浸式变压器的温升

GB 1094.5—2008　电力变压器　第 5 部分：承受短路的能力

GB 1094.11—2007　电力变压器　第 11 部分：干式变压器

GB 50150—2006　电气装置安装工程　电气设备交接试验标准

GB/T 1094.3—2017　电力变压器　第 3 部分：绝缘水平、绝缘试验和外绝缘空气间隙

GB/T 1094.10—2003　电力变压器　第 10 部分：声级测定

GB/T 2900.1—2008　电工术语　基本术语

GB/T 2900.5—2013　电工术语　绝缘固体、液体和气体

GB/T 2900.39—2009　电工术语　电机、变压器专用设备

GB/T 2900.94—2015　电工术语　互感器

GB/T 2900.95—2015　电工术语　变压器、调压器和电抗器

GB/T 3785.1—2010　电声学　声级计　第 1 部分：规范

GB/T 4831—2016　旋转电机产品型号编制方法

GB/T 6974.1—2008　起重机　术语　第 1 部分：通用术语

GB/T 7354—2018　高电压试验技术　局部放电测量

GB/T 15416—2014　科技报告编号规则

GB/T 19870—2018　工业检测型红外热像仪

JB/T 501—2006　电力变压器试验导则

JB/T 3837—2016　变压器类产品型号编制方法

JB/T 9658—2008　变压器专用设备　硅钢片纵剪生产线

JB/T 10918—2008　变压器专用设备　硅钢片横剪生产线

JB/T 11054—2010　变压器专用设备　变压法真空干燥设备

JB/T 11055—2010　变压器专用设备　环氧树脂真空浇注设备

JB/T 12010—2014　非晶合金铁心变压器真空注油设备

JB/T 12011—2014　高压互感器真空干燥注油设备

DL/T 396—2010　电压等级代码

DL/T 419—2015　电力用油名词术语

DL/T 432—2018　电力用油中颗粒度测定方法

DL/T 703—2015　绝缘油中含气量的气相色谱测定法

DL/T 845.3—2004　电阻测量装置通用技术条件　第3部分：直流电阻测试仪

DL/T 846.4—2016　高电压测试设备通用技术条件　第4部分：脉冲电流法局部放电测量仪

DL/T 846.7—2016　高电压测试设备通用技术条件　第7部分：绝缘油介电强度测试仪

DL/T 848.5—2004　高压试验装置通用技术条件　第5部分：冲击电压发生器

DL/T 849.6—2016　电力设备专用测试仪器通用技术条件　第6部分：高压谐振试验装置

DL/T 962—2005　高压介质损耗测试仪通用技术条件

DL/T 963—2005　变压比测试仪通用技术条件

DL/T 1305—2013　变压器油介损测试仪通用技术条件

SJ/T 11385—2008　绝缘电阻测试仪通用规范

3　术语和定义

下列术语和定义适用于本文件。

3.1

报告证书　report certificate

具有相应资质、权力的机构或机关等发的证明资格或权力的文件。

3.2

研发设计　research and development design

将需求转换为产品、过程或体系规定的特性或规范的一组过程。

3.3

生产制造　production-manufacturing

生产企业整合相关的生产资源，按预定目标进行系统性的从前端概念设计到产品实现的物化过程。

3.4

试验检测　test verification

用规范的方法检验测试某种物体指定的技术性能指标。

3.5

原材料/组部件　raw material and components

指对于生产某种产品所需的基本原料或组成部件的相应管理活动/制度。

3.6

产品产能　product capacity

在计划期内，企业参与生产的全部固定资产，在既定的组织技术条件下，所能生产的产品数量。

4　符号和缩略语

下列符号和缩略语适用于本文件。

4.1　符号

kV：电压单位。

kW：功率单位。

kVA：电流单位。

MΩ：电阻单位。

pC：局部放电量单位。

mg/L：含水量。

℃/K：热力学温标。

dB：分贝。

kPa：压强单位。

t：质量单位

4.2　缩略语

AN：自然空气冷却。

AF：强迫空气冷却。

5　报告证书

报告证书包括检测报告数据表；报告证书见附录 B。

5.1　检测报告数据表

报告证书中检测报告数据表包括物料描述、报告编号、检验类别、委托单位、产品制造单位、报告出具机构、报告出具时间、报告扫描件、检测报告有效期至、产品型号规格、电压等级、额定容量、冷却方式、结构型式、绝缘方式、调压方式、相数、铁心材质、额定电压比、短路承受能力试验、绕组电阻测量、电压比测量和联结组标号检定、铁心和夹件绝缘检查、短路阻抗和负载损耗测量、空载损耗和空载电流测量、绕组对地及绕组间直流绝缘电阻测量、外施耐压试验、感应耐压试验、带有局部放电测量的感应电压试验（IVPD）、辅助接线的绝缘试验（AuxW）、雷电冲击试验、操作冲击试验、有载分接开关试验、内装电流互感器变比和极性、液浸式变压器压力密封试验、绝缘液试验、绕组对地和绕组间电容测量、绝缘系统电容的介质损耗因数（$\tan\delta$）测量、温升试验、短时过负载能力试验、声级测定、风扇和油泵电机功率测量—风扇和油泵电机总功率、在 90%和 110%额定电压下的空载损耗和空载电流测量—110%U_r 下空载损耗、线端交流耐压试验（LTAC）、三相变压器零序阻抗测量、局部放电测量—局部放电量最大值、液浸式变压器压力变形试验、液浸式变压器真空变形试验、外部涂层检查。

6 研发设计

研发设计包括设计软件一览表；研发设计信息见附录 C。

6.1 设计软件一览表

设计软件一览表包括设计软件类别。

7 生产制造

生产制造主要包括生产厂房、主要生产设备、生产工艺控制，生产制造信息见附录 D。

7.1 生产厂房

生产厂房包括生产厂房所在地、厂房权属情况、厂房自有率、租赁起始日期、租赁截止日期、厂房总面积、封闭厂房总面积、是否含净化车间、净化车间总面积、净化车间洁净度、净化车间平均温度、净化车间平均相对湿度、净化车间洁净度检测报告扫描件。

7.2 主要生产设备

主要生产设备一览表包括生产设备、生产设备类别、生产设备名称、设备型号、数量、主要技术参数项、主要技术参数值、生产设备制造商、设备国产/进口、设备单价、设备购买合同及发票扫描件。

7.3 生产工艺控制

生产工艺控制情况表包括适用的产品类别、主要工序名称、工艺文件名称、是否具有相应记录、整体执行情况、工艺文件扫描件。

8 试验检测

试验检测包括试验检测设备一览表、试验检测人员一览表、现场抽样检测记录表，试验检测信息见附录 E。

8.1 试验检测设备一览表

试验检测设备一览表包括试验检测设备、设备类别、试验项目名称、设备名称、设备型号、数量、主要技术参数项、主要技术参数值、是否具有有效的检定证书、设备制造商、设备国产/进口、设备单价、设备购买合同及发票扫描件。

8.2 试验检测人员一览表

试验检测人员一览表包括姓名、资质证书名称、资质证书编号、资质证书出具机构、资质证书出具时间、有效期至、资质证书扫描件。

8.3 现场抽样检测记录表

现场抽样检测记录表包括适用的产品类别、现场抽样检测时间、产品类别、抽样检测产品型号、抽样检测产品编号、抽样检测项目、抽样检测结果。

9 原材料/组部件

原材料/组部件包括原材料/组部件一览表，原材料/组部件信息见附录 F。

9.1 原材料/组部件一览表

原材料/组部件一览表包括原材料/组部件名称、原材料/组部件规格型号、原材料/组部件制造商名称、原材料/组部件国产/进口、检测方式。

10 产品产能

产品产能包括生产能力表，产品产能信息见附录 G。

10.1 生产能力表

生产能力表包括产品类型、瓶颈工序名称。

附　录　A

（规范性附录）

适用的物资及物资专用信息标识代码

物资类别	物料所属大类	物资所属中类	物资所属小类	物资名称	物资专用信息标识代码
交流变压器	一次设备	交流变压器	10kV～750kV 变压器	6kV 变压器	G1001001
交流变压器	一次设备	交流变压器	10kV～750kV 变压器	10kV 变压器	G1001002
交流变压器	一次设备	交流变压器	10kV～750kV 变压器	20kV 变压器	G1001003
交流变压器	一次设备	交流变压器	10kV～750kV 变压器	35kV 变压器	G1001004
交流变压器	一次设备	交流变压器	10kV～750kV 变压器	66kV 变压器	G1001005
交流变压器	一次设备	交流变压器	10kV～750kV 变压器	110kV 变压器	G1001006
交流变压器	一次设备	交流变压器	10kV～750kV 变压器	220kV 变压器	G1001007
交流变压器	一次设备	交流变压器	10kV～750kV 变压器	330kV 变压器	G1001008
交流变压器	一次设备	交流变压器	10kV～750kV 变压器	500kV 变压器	G1001009
交流变压器	一次设备	交流变压器	10kV～750kV 变压器	750kV 变压器	G1001010
交流变压器	一次设备	交流变压器	10kV～750kV 变压器	1000kV 变压器	G1001011

附 录 B

（规范性附录）

报 告 证 书

项目编码					项目名称	说明
物资专用 信息标识 代码	模块 代码	表 代码	字段 代码	字段值 代码		
略	C				**报告证书**	具有相应资质、权力的机构或机关等发的证明资格或权力的文件。
		01			**检测报告数据表**	反映检测报告数据内容情况的列表。
			1001		物料描述	以简短的文字、符号或数字、号码来代表物料、品名、规格或类别及其他有关事项。
			1002		报告编号	采用字母、数字混合字符组成的用以标识检测报告的完整的、格式化的一组代码，是检测报告上标注的报告唯一性标识。
			1003		检验类别	按不同检验方式进行区别分类。
				001	送检	产品送到第三方检测机构进行检验的类型。
				002	委托监试	委托第三方检测机构提供试验仪器试验人员到现场对产品进行检验的类型。
			1004		委托单位	委托检测活动的单位。
			1005		产品制造单位	检测报告中送检样品的生产制造单位。
			1006		报告出具机构	应申请检验人的要求，对产品进行检验后所出具书面证明的检验机构。
			1007		报告出具时间	企业检测报告出具的年月日，采用YYYYMMDD的日期形式。
			1008		报告扫描件	用扫描仪将检测报告正本扫描得到的电子文件。
			1009		检测报告有效期至	认证证书有效期的截止年月日，采用YYYYMMDD的日期形式。

表（续）

项目编码					项目名称	说明
物资专用信息标识代码	模块代码	表代码	字段代码	字段值代码		
			1010		产品型号规格	便于使用、制造、设计等部门进行业务联系和简化技术文件中产品名称、规格、型式等叙述而引用的一种代号。
			1011		电压等级	根据传输与使用的需要按电压有效值的大小所分的若干级别。
				001	6kV	6kV 电压等级。
				002	10kV	10kV 电压等级。
				003	13.8kV	13.8kV 电压等级。
				004	15.8kV	15.8kV 电压等级。
				005	20kV	20kV 电压等级。
				006	35kV	35kV 电压等级。
				007	66kV	66kV 电压等级。
				008	110kV	110kV 电压等级。
				009	220kV	220kV 电压等级。
				010	330kV	330kV 电压等级。
				011	500kV	500kV 电压等级。
				012	750kV	750kV 电压等级。
				013	1000kV	1000kV 电压等级。
				999	其他	其他电压等级。
			1012		额定容量	标注在绕组上的视在功率的指定值，与该绕组的额定电压一起决定其额定电流，计量单位为 kVA。
			1013		冷却方式	用于运行中的变压器冷却、散热的方式。
				001	ONAN	油浸自冷。
				002	ONAF	油浸风冷。
				003	ONAN/ONAF	变压器装有一组电扇，在大负载时，风扇可投入运行；在这两种冷却方式下，液体流动均按热对流方式循环。
				004	OFAF	强迫油循环风冷：用变压器油泵强迫油循环，使油流经风冷却器进行散热的冷却方式。

项目编码					项目名称	说明
物资专用信息标识代码	模块代码	表代码	字段代码	字段值代码		
				005	ODAF	强迫导向油循环风冷。
				006	ONAN/ONAF/ODAF	一种混合采用油浸自冷、油浸风冷、强迫导向油循环风冷的三级冷却方式。
				007	ONAN/ONAF/OFAF	一种混合采用油浸自冷、油浸风冷、强迫油循环风冷的三级冷却方式。
				008	ODWF	强迫油循环导向冷却,以强迫油循环的方式,使冷油沿指定路径通过绕组内部以提高散热效率的冷却方式。
				009	OFWF	用变压器油泵强迫油循环,使油流经水冷器进行散热的冷却方式。
				010	AN（干式）	自然空气冷却。
				011	AN/AF（干式）	强迫空气冷却。
				999	其他冷却方式	其他的冷却方式。
			1014		结构型式	由组成变压器的各部分搭配和安排的方式。
				001	独立绕组	所有绕组均无公共部分。
				002	双绕组	具有两个绕组分别连接到两个电压等级的独立绕组变压器。
				003	双绕组自耦	至少有两个绕组具有公共部分的变压器。
				004	多绕组	具有多个绕组的独立绕组变压器。
				999	其他	其他的结构型式。
			1015		绝缘方式	绕组外绝缘介质的形式。
				001	SF_6	具有灭弧性能和绝缘性能以及良好的化学稳定性的气体。
				002	液浸	铁心和绕组浸在绝缘液体中的变压器。
				003	干式	铁心和绕组不浸在绝缘液体中的变压器。
				004	液浸非晶合金	以铁基非晶态金属作为铁心,且铁心和绕组浸在绝缘液体中的变压器。
			1016		调压方式	调节电压方式。

表（续）

项目编码					项目名称	说明
物资专用信息标识代码	模块代码	表代码	字段代码	字段值代码		
				001	有载	装有有载分接开关且能在负载下进行调压。
				002	无励磁	装有无励磁分接开关且只能在无励磁的情况下进行调压。
				003	无调压	不具备调压功能。
			1017		相数	构成多相绕组的一个相的线匝组合的数量。
				001	单相	线匝组合只有一个相线。
				002	三相	线匝组合包含全部三个相线。
			1018		铁心材质	变压器类产品的磁路部分的材质。
				001	硅钢片	一种含碳极低的硅铁软磁合金，一般含硅量为 0.5%～4.5%，加入硅可提高铁的电阻率和最大磁导率，降低矫顽力、铁心损耗（铁损）和磁时效。
				002	非晶合金	由超急冷凝固，合金凝固时原子来不及有序排列结晶，得到的固态合金是长程无序结构，没有晶态合金的晶粒、晶界存在。
			1019		额定电压比（kV）	一个绕组的额定电压与另一个具有较低或相等额定电压绕组的额定电压之比。
			1020		短路承受能力试验	有关电力变压器在由外部短路引起的过电流作用下应无损伤要求的试验。
				001	短路承受能力试验	短路承受能力试验，试验检测的电压及电流波形应无异常迹象。
				002	试验前后相电抗差的最大值（%）	试验完成后，以欧姆表示的每相短路电抗值与原始值之差。
				003	短路承受能力试验—吊心/实体检查	短路承受能力试验后吊心检查没有发现位移、铁心片移动、绕组及连接线和支撑结构变形等缺陷。
				004	短路承受能力试验—重复例行试验及雷电冲击试验	短路承受能力试验后重复的绝缘试验和其他例行试验合格，雷电冲击试验（如果有）合格。

表（续）

项目编码					项目名称	说明
物资专用信息标识代码	模块代码	表代码	字段代码	字段值代码		
			1021		绕组电阻测量	绕组直流电阻的测量。
				001	绕组电阻测量—高压绕组不平衡率最大值（%）	三相电阻的不平衡率是以三相电阻的最大值与最小值之差为分子、三相电阻的平均值为分母进行计算。
				002	绕组电阻测量—中压绕组不平衡率最大值（%）	三相电阻的不平衡率是以三相电阻的最大值与最小值之差为分子、三相电阻的平均值为分母进行计算。
				003	绕组电阻测量—低压绕组不平衡率最大值（%）	三相电阻的不平衡率是以三相电阻的最大值与最小值之差为分子、三相电阻的平均值为分母进行计算。
			1022		电压比测量和联结组标号检定	电压比测量和联结组标号检定。电压比指一个绕组的额定电压与另一个具有较低或相等额定电压绕组的额定电压之比。联结组标号指用一组字母及钟时序数来表示变压器高压、中压（如果有）和低压绕组的联结方式以及中压、低压绕组对高压绕组相对相位移的通用标号。
				001	电压比测量和联结组标号检定—高压/中压电压比偏差的绝对值的最大值（%）	通过电压比测量和联结组标号检定，检测高压绕组与中压绕组电压之比偏差的绝对值的最大值。
				002	电压比测量和联结组标号检定—中压/低压电压比偏差的绝对值的最大值（%）	通过电压比测量和联结组标号检定，检测中压绕组与低压绕组电压之比偏差的绝对值的最大值。
				003	电压比测量和联结组标号检定—高压/低压电压比偏差的绝对值的最大值（%）	通过电压比测量和联结组标号检定，检测高压绕组与低压绕组电压之比偏差的绝对值的最大值。
				004	电压比测量和联结组标号检定—联结组标号	用一组字母及钟时序数来表示变压器高压、中压（如果有）和低压绕组的联结方式以及中压、低压绕组对高压绕组相对相位移的通用标号。
			1023		铁心和夹件绝缘检查	测量铁心和夹件的绝缘电阻。

表（续）

项目编码					项目名称	说明
物资专用信息标识代码	模块代码	表代码	字段代码	字段值代码		
			1024		短路阻抗和负载损耗测量	短路阻抗和负载损耗测量。短路阻抗指一对绕组中某一绕组端子间的在额定功率及参考温度下的等值串联阻抗 $Z=R+jX$，单位为欧姆。负载损耗指在一对绕组中，当额定电流（分接电流）流经一个绕组的线路端子，且另一绕组短路时在额定频率及参考温度下所吸取的有功功率。
				001	短路阻抗和负载损耗测量—参考温度（℃）	短路阻抗和负载损耗测量时的参考温度。
				002	短路阻抗和负载损耗测量—高压～低压（主分接）负载损耗（kW）	高压绕组与低压压绕组之间主分接上的负载损耗测量值。
				003	短路阻抗和负载损耗测量—高压～中压（主分接）负载损耗（kW）	高压绕组与中压压绕组之间主分接上的负载损耗测量值。
				004	短路阻抗和负载损耗测量—中压～低压（主分接）负载损耗（kW）	中压绕组与低压压绕组之间主分接上的负载损耗测量值。
				005	短路阻抗和负载损耗测量—高压～低压（主分接）短路阻抗（%）	高压绕组与低压绕组之间主分接上的短路阻抗测量值。
				006	短路阻抗和负载损耗测量—高压～中压（主分接）短路阻抗（%）	高压绕组与中压绕组之间主分接上的短路阻抗测量值。
				007	短路阻抗和负载损耗测量—中压～低压（主分接）短路阻抗（%）	中压绕组与低压绕组之间主分接上的短路阻抗测量值。
				008	短路阻抗和负载损耗测量—总损耗 $P_{总}$（kW）	空载损耗与负载损耗之和测量值。

表（续）

项目编码					项目名称	说明
物资专用信息标识代码	模块代码	表代码	字段代码	字段值代码		
			1025		空载损耗和空载电流测量	当额定频率下的额定电压（分接电压）施加到一个绕组的端子上，其他绕组开路时所吸取的有功功率和流经该绕组线路端子的电流方均根值测量值。
				001	空载损耗和空载电流测量—空载损耗（kW）	当额定频率下的额定电压（分接电压）施加到一个绕组的端子上，其他绕组开路时所吸取的有功功率测量值。
				002	空载损耗和空载电流测量—空载电流（%）	当额定频率下的额定电压（分接电压）施加到一个绕组的端子上，其他绕组开路时流经该绕组线路端子的电流方均根值测量值。
			1026		绕组对地及绕组间直流绝缘电阻测量	在规定条件下，用绝缘材料隔开的两个导电元件之间的电阻测量值。
				001	绕组对地及绕组间直流绝缘电阻测量—绝缘电阻最大值（MΩ）	各绕组对地及各绕组间直流绝缘电阻最大测量值。
				002	绕组对地及绕组间直流绝缘电阻测量—绝缘电阻最小值（MΩ）	各绕组对地及各绕组间直流绝缘电阻最小测量值。
				003	绕组对地及绕组间直流绝缘电阻测量—吸收比最大值	绝缘结构件在 60s 时测出的绝缘电阻值与 15s 时测出的绝缘电阻值之比最大测量值。电压为 35kV、容量 4000kVA 和 66kV 及以上的变压器应提供绝缘电阻值和吸收比测量值。
				004	绕组对地及绕组间直流绝缘电阻测量—吸收比最小值	绝缘结构件在 60s 时测出的绝缘电阻值与 15s 时测出的绝缘电阻值之比最小测量值。电压为 35kV、容量 4000kVA 和 66kV 及以上的变压器应提供绝缘电阻值和吸收比测量值。
				005	绕组对地及绕组间直流绝缘电阻测量—极化指数最大值	绝缘结构件在 10min 时测出的绝缘电阻值与 1min 时测出的绝缘电阻值之比最大测量值。
				006	绕组对地及绕组间直流绝缘电阻测量—极化指数最小值	测量绝缘结构件在 10min 时测出的绝缘电阻值与 1min 时测出的绝缘电阻值之比最小测量值。

表（续）

项目编码					项目名称	说明
物资专用信息标识代码	模块代码	表代码	字段代码	字段值代码		
			1027		外施耐压试验	验证线端和中性点端子以及和它所连接的绕组对地及对其他绕组的交流电压耐受强度的试验,试验电压施加在绕组所有的端子上,包括中性点端子,因此不存在匝间电压。
			1028		感应耐压试验	验证线端和它所连接的绕组对地及对其他绕组的交流耐受强度,同时也验证相间和被试绕组纵绝缘的交流电压耐受强度的试验。
			1029		带有局部放电测量的感应电压试验（IVPD）	验证变压器在正常运行条件下不会发生有害的局部放电。
				001	带有局部放电测量的感应电压试验（IVPD）—PD测量电压（kV）	局部放电的电压测量。
				002	带有局部放电测量的感应电压试验（IVPD）—PD测量电压下高压端子局部放电量最大值（pC）	验证变压器正常运行条件下不会发生有害的局部放电,以与运行同样的方式在变压器上施加试验电压试验中对称电压出现在线端和匝间,中性点没有电压;三相变压器采用三相电压进行试验。
				003	带有局部放电测量的感应电压试验（IVPD）—PD测量电压下中压端子局部放电量最大值（pC）	验证变压器正常运行条件下不会发生有害的局部放电,以与运行同样的方式在变压器上施加试验电压试验中对称电压出现在线端和匝间,中性点没有电压;三相变压器采用三相电压进行试验。
			1030		辅助接线的绝缘试验（AuxW）	验证不与变压器绕组连接的变压器辅助接线绝缘的试验,辅助接线试验电压应不出现突然下降且无击穿特征
			1031		雷电冲击试验	验证设备在运行过程中耐受瞬态快速上升典型雷电冲击电压的能力用来验证被试变压器的雷电冲击耐受强度。
			1032		操作冲击试验	验证设备在运行过程中耐受与开关操作相关的典型的上升时间缓慢瞬态电压的能力;本试验用来验证线端和它所连接的绕组对地及对其他绕组的操作冲击耐受强度,同时也验证相间和被试绕组纵绝缘的操作冲击耐受强度。

表（续）

项目编码					项目名称	说明
物资专用信息标识代码	模块代码	表代码	字段代码	字段值代码		
			1033		有载分接开关试验	有载分接开关的操作试验。
			1034		内装电流互感器变比和极性	内装电流互感器的一次电流与二次电流之比和瞬时电流的方向。试验互感器变比与铭牌标志应一致；互感器极性与铭牌标志应一致。
			1035		液浸式变压器压力密封试验	一种变压器压力密封试验，用以证明变压器油箱在运行时不会泄漏。
			1036		绝缘液试验	验证绝缘液性能的试验。
				001	绝缘液试验—击穿电压（kV，油浸式变压器）	在规定的试验条件下或在使用中发生击穿时的电压。
				002	绝缘液试验—tanδ 90℃（%，油浸式变压器）	受正弦电压作用的绝缘结构或绝缘材料所吸收的有功功率值与无功功率绝对值之比。
				003	绝缘液试验—含水量（mg/L，油浸式变压器）	存在于油品中的水含量。
				004	绝缘液试验—含气量（%，油浸式变压器）	单位体积绝缘液体中所溶解气体的体积，一般以百分比表示。
				005	绝缘液中溶解气体测量。	在油浸式变压器类产品抽取一定量的油样并用气相色谱分析法测出油中溶解气体的成分和含量。试验前后绝缘液中溶解气体应无明显变化。
			1037		绕组对地和绕组间电容测量	绕组与地之间、各绕组之间电容值的测量。
			1038		绝缘系统电容的介质损耗因数（tanδ）测量	绝缘系统电容受正弦电压作用的绝缘结构或绝缘材料所吸收的有功功率值与无功功率绝对值之比。
				001	绝缘系统电容的介质损耗因数（tanδ）测量—高压对中压、低压及地 tanδ	绝缘系统电容的介质损耗因数测量得到的高压对中压、低压及地 tanδ（%）。
				002	绝缘系统电容的介质损耗因数（tanδ）测量—中压对高压、低压及地 tanδ	绝缘系统电容的介质损耗因数测量得到的中压对高压、低压及地 tanδ（%）。

表（续）

项目编码					项目名称	说明
物资专用信息标识代码	模块代码	表代码	字段代码	字段值代码		
				003	绝缘系统电容的介质损耗因数（tanδ）测量—低压对高压、中压及地 tanδ	绝缘系统电容的介质损耗因数测量得到的低压对高压、中压及地 tanδ（%）。
				004	绝缘系统电容的介质损耗因数（tanδ）测量—高压、中压对低压及地 tanδ	绝缘系统电容的介质损耗因数测量得到的高压、中压对低压及地 tanδ（%）。
				005	绝缘系统电容的介质损耗因数（tanδ）测量—高压对低压及地 tanδ	绝缘系统电容的介质损耗因数测量得到的高压对低压及地 tanδ（%）。
				006	绝缘系统电容的介质损耗因数（tanδ）测量—低压对高压及地 tanδ	绝缘系统电容的介质损耗因数测量得到的低压对高压及地 tanδ（%）。
				007	绝缘系统电容的介质损耗因数（tanδ）测量—高压及低压对地 tanδ	绝缘系统电容的介质损耗因数测量得到的高压及低压对地 tanδ（%）。
			1039		温升试验	在规定运行条件下,确定产品的一个或多个部分的温升试验。
				001	温升试验—顶层油温升（K）	顶层液体温度与外部冷却介质温度之差。
				002	温升试验—高压/串联绕组平均温升（K）	高压/串联绕组平均温度与外部冷却介质温度之差。
				003	温升试验—中压/公共绕组平均温升（K）	中压/公共绕组平均温度与外部冷却介质温度之差。
				004	温升试验—低压绕组平均温升（K）	低压绕组平均温度与外部冷却介质温度之差。
				005	温升试验—油箱热点温升（K）	油箱热点温度与外部冷却介质温度之差。
				006	绕组热点温升测量—高压/串联绕组热点温升（K）	高压/串联绕组热点温度与外部冷却介质温度之差。

表（续）

项目编码					项目名称	说明
物资专用信息标识代码	模块代码	表代码	字段代码	字段值代码		
				007	绕组热点温升测量—中压/公共绕组热点温升（K）	中压/公共绕组热点温度与外部冷却介质温度之差。
				008	绕组热点温升测量—低压绕组热点温升（K）	低压绕组热点温度与外部冷却介质温度之差。
			1040		短时过负载能力试验	对电器设备进行短时间内过负载能力测试的试验。
				001	短时过负载能力试验—油箱外壳最高温升（K）	油箱外壳温度与外部冷却介质温度之差最大值。
				002	短时过负载能力试验—套管最高温升（K）	套管温度与外部冷却介质温度之差最大值。
			1041		声级测定	如果无另行规定,则认为声级是空载声级水平,此时,所有在额定功率下运行时需要的冷却设备应投入运行。
				001	声级测定—声压级（0.3m 或 1m）[dB（A）]	声压平方与基准声压平方之比的以 10 为底的对数乘以 10,单位为分贝（dB）。
				002	声级测定—声功率级（0.3m 或 1m）[dB（A）]	给出的声功率与基准声功率之比的以 10 为底的对数乘以 10,单位为分贝（dB）。
				003	声级测定—声压级（2m）[dB（A）]	声压平方与基准声压平方之比的以 10 为底的对数乘以 10,单位为分贝（dB）。
				004	声级测定—声功率级（2m）[dB（A）]	给出的声功率与基准声功率之比的以 10 为底的对数乘以 10,单位为分贝（dB）。
			1042		风扇和油泵电机功率测量—风扇和油泵电机总功率（kW）	测量风扇和油泵电机功率。
			1043		在 90%和 110%额定电压下的空载损耗和空载电流测量—110% U_r 下空载损耗（kW）	当额定频率下的90%和110%额定电压（分接电压）施加到一个绕组的端子上,其他绕组开路时流经该绕组线路端子的电流方均根值和其他绕组开路时所吸取的有功功率。

表（续）

项目编码					项目名称	说明
物资专用信息标识代码	模块代码	表代码	字段代码	字段值代码		
				001	在 90%和 110%额定电压下的空载损耗和空载电流测量—90%U_r 下空载损耗（kW）	当额定频率下的 90%额定电压（分接电压）施加到一个绕组的端子上，其他绕组开路时流经该绕组线路端子的电流方均根值。
				002	在 90%和 110%额定电压下的空载损耗和空载电流测量—90%U_r 下空载电流（%）	当额定频率下的 110%额定电压（分接电压）施加到一个绕组的端子上，其他绕组开路时流经该绕组线路端子的电流方均根值。
				003	在 90%和 110%额定电压下的空载损耗和空载电流测量—110% U_r 下空载损耗（kW）	当额定频率下的 90%的额定电压（分接电压）施加到一个绕组的端子上，其他绕组开路时所吸取的有功功率。
				004	在 90%和 110%额定电压下的空载损耗和空载电流测量—110% U_r 下空载电流（%）	当额定频率下的 110%的额定电压（分接电压）施加到一个绕组的端子上，其他绕组开路时所吸取的有功功率。
			1044		线端交流耐压试验（LTAC）	验证每个线端对地的交流电压耐受强度，试验时电压施加在一个或多个绕组线端，本试验允许分级绝缘变压器线端施加适合该线端的电压。
			1045		三相变压器零序阻抗测量	在额定频率下，在短接的三个线路端子（星形或曲折形联结绕组的线路端子）与中性点端子间进行测量。
			1046		局部放电测量—局部放电量最大值（pC）	发生在电极之间，但并未贯通的放电，这种放电可以在导体附近发生，也可以不在导体附近发生，适用于干式变压器和额定容量 10000kVA、电压等级 66kV 级及以上油浸式变压器。
			1047		液浸式变压器压力变形试验	测量施加压力时的变形量和压力消除后的永久变形量，用以确定油箱尺寸是否稳定。
				001	液浸式变压器压力变形试验（一般结构油箱变压器）—最大施加压力（kPa）	试验时最大施加压力。

69

表（续）

项目编码					项目名称	说明
物资专用信息标识代码	模块代码	表代码	字段代码	字段值代码		
				002	液浸式变压器压力变形试验—最大永久变形量（mm，一般结构油箱变压器）	施加压力前后的永久变形量。
			1048		液浸式变压器真空变形试验	适用于设计为在现场真空注入液体的变压器,测量真空下的变形量和解除真空时的永久变形,用以确定油箱尺寸是否稳定。
				001	液浸式变压器真空变形试验—施加真空度（Pa）	处于真空状态下的气体稀薄程度。
				002	液浸式变压器真空变形试验—最大永久变形量（mm）	施加真空后和解除真空后的永久变形量。
			1049		外部涂层检查	涂料一次施涂所得到的固态连续膜。
				001	外部涂层检查—均厚度（μm）	涂料一次施涂所得到的固态连续膜的平均厚度。
				002	外部涂层检查—最小局部厚度（μm）	涂料一次施涂所得到的固态连续膜的最小局部厚度

附　录　C
（规范性附录）
研　发　设　计

项目编码					项目名称	说明
物资专用信息标识代码	模块代码	表代码	字段代码	字段值代码		
略	D				研发设计	将需求转换为产品、过程或体系规定的特性或规范的一组过程。
		01			设计软件一览表	反映研发设计软件情况的列表。
			1001		设计软件类别	一种计算机辅助工具，借助编程语言以表达并解决现实需求的设计软件的类别。
				001	波过程设计软件	能够实现波过程相关功能的软件名称。
				002	阻抗计算软件	能够实现阻抗计算相关功能的软件名称。
				003	温度场分析软件	能够实现温度场分析相关功能的软件名称。
				004	电场分析软件	能够实现电场分析相关功能的软件名称。
				005	磁场分析软件	能够实现磁场分析相关功能的软件名称。
				006	抗短路能力计算软件	能够实现抗短路能力计算相关功能的软件名称。
				007	噪声计算软件	能够实现噪声计算相关功能的软件名称。
				008	三维结构设计软件	能够实现三维结构的设计的相关功能的软件名称。
				009	流体分析软件	能够实现流体分析相关功能的软件名称。
				999	其他	上述以外的软件

附 录 D
（规范性附录）
生 产 制 造

项目编码					项目名称	说明
物资专用信息标识代码	模块代码	表代码	字段代码	字段值代码		
略	E				生产制造	生产企业整合相关的生产资源，按预定目标进行系统性的从前端概念设计到产品实现的物化过程。
		01			生产厂房	反映企业生产厂房属性的统称。
			1001		生产厂房所在地	生产厂房的地址，包括所属行政区划名称，乡（镇）、村、街名称和门牌号。
			1002		厂房权属情况	指厂房产权在主体上的归属状态。
				001	自有	指产权归属自己。
				002	租赁	按照达成的契约协定，出租人把拥有的特定财产（包括动产和不动产）在特定时期内的使用权转让给承租人，承租人按照协定支付租金的交易行为。
				003	部分自有	指部分产权归属自己。
			1003		厂房自有率	自有厂房面积占厂房总面积的比例。
			1004		租赁起始日期	租赁的起始年月日，采用 YYYYMMDD 的日期形式。
			1005		租赁截止日期	租赁的截止年月日，采用 YYYYMMDD 的日期形式。
			1006		厂房总面积	厂房总的面积（平方米）。
			1007		封闭厂房总面积	设有屋顶，建筑外围护结构全部采用封闭式墙体（含门、窗）构造的生产性（储存性）建筑物的总面积（平方米）。
			1008		是否含净化车间	具备空气过滤、分配、优化、构造材料和装置的房间，其中特定的规则的操作程序以控制空气悬浮微粒浓度，从而达到适当的微粒洁净度级别。
			1009		净化车间总面积	净化车间的总面积（平方米）。
			1010		净化车间洁净度	净化车间内空气环境中空气所含尘埃量多少的程度，在一般的情况下，是指单位体积的空气中所含大于等于某一粒径粒子的数量。含尘量高则洁净度低，含尘量低则洁净度高。

表（续）

项目编码					项目名称	说明
物资专用信息标识代码	模块代码	表代码	字段代码	字段值代码		
			1011		净化车间平均温度	净化车间的平均温度（℃）。
			1012		净化车间平均相对湿度	净化车间中水在空气中的蒸汽压与同温度同压强下水的饱和蒸汽压的比值（%RH）。
			1013		净化车间洁净度检测报告扫描件	用扫描仪将净化车间洁净度检测报告进行扫描得到的电子文件。
		02			**主要生产设备**	反映企业拥有的关键生产设备的统称。
			1001		生产设备	在生产过程中为生产工人操纵的，直接改变原材料属性、性能、形态或增强外观价值所必需的劳动资料或器物。
			1002		生产设备类别	将设备按照不同种类进行区别归类。
				001	铁心制造设备	用于铁心制造专用设备。
				002	线圈制造设备	用于线圈制造专用设备。
				003	绝缘处理设备	用于变压器绝缘部分处理的设备。
				999	其他设备	其他用于变压器制造的设备。
			1003		生产设备名称	生产设备的专用称呼。
				001	硅钢片横剪生产线	按一定长度及片型剪切硅钢片的成套设备。
				002	硅钢片纵剪生产线/硅钢片纵剪机	硅钢片纵剪生产线是能完成硅钢片开卷、纵剪、收卷等全过程的成套设备。硅钢片纵剪机是用装在两平行回转轴上的多组圆盘剪刀进行连续纵向剪切硅钢片的机器。
				003	铁心叠装翻转台	供变压器铁心叠装，并使铁心翻转起立的设备。
				004	立式绕线机	主轴中心线与机器安装平面垂直的绕线机器。
				005	卧式绕线机	主轴中心线与机器安装平面平行的绕线机器。
				006	箔式线圈绕制机	将铝箔或铜箔绕制成变压器线圈的机器。
				007	线圈压床	将绕制成的线圈轴向压制成设计的机器。

表（续）

项目编码					项目名称	说明
物资专用信息标识代码	模块代码	表代码	字段代码	字段值代码		
				008	线圈恒压干燥装置	在高电压等级的变压器线圈干燥过程中，可对线圈施加恒定压力的装置。
				009	环氧树脂真空浇注设备	在真空状态下，对电机、电抗器、变压器、互感器等的线圈浇注环氧树脂的成套设备。
				010	气相干燥设备	在真空状态下，利用煤油蒸气对变压器、电抗器、互感器器身或线圈进行加热、干燥的设备。
				011	变压法真空干燥设备	在真空状态下，有规律地改变真空罐内压力和温度以提高干燥效率的真空干燥设备。
				012	真空净油机	在真空状态下，对变压器进行脱水、脱气，并进行净化处理的机器。
				013	真空注油设备	在真空条件下对变压器进行注油的专用设备。
				014	气垫车	气垫悬浮搬运车的简称，气垫悬浮搬运车是利用气体薄膜技术的功效托起并且移动载荷。
				015	起重设备（行车）	用吊钩或其他取物装置吊装重物，在空间进行升降与运移等循环性作业的机械。
				016	绝缘件加工中心	通过多轴联动加工变压器绝缘件的设备。
				017	器身装配架	将变压器类产品的铁心、线圈、引线及绝缘等组装完成整体的专业设备，一般由面对面对称布置的两个架体组成，两侧架体均可独立动作，完成各自工作平台在高度方向和水平方向位置的调整，以满足变压器装配时对操作位置的不同要求。
				999	其他	其他类别的生产设备。
			1004		设备型号	便于使用、制造、设计等部门进行业务联系和简化技术文件中产品名称、规格、型式等叙述而引用的一种代号。
			1005		数量	设备的数量。
			1006		主要技术参数项	对生产设备的主要技术性能指标项进行描述。

表（续）

项目编码					项目名称	说明
物资专用信息标识代码	模块代码	表代码	字段代码	字段值代码		
				001	最大剪切宽度（mm）	硅钢片横剪生产线最大剪切宽度。
				002	额定负荷（t）	铁心叠装翻转台的正常工作的负荷。
				003	最大载重（t）	绕线机能安全使用所允许的最大载荷。
				004	额定压力（kN）	线圈压床在满足设备正常工作需求下的最大压力。
				005	煤油蒸发器功率（kW）	气相干燥设备煤油蒸发器单位时间内所做的功。
				006	有效容积（m³）	变压法真空干燥设备用于干燥罐有效容积的立方米数表示。
				007	公称流量（L/h）	真空净油机允许长期使用的流量。
				008	极限压力（Pa）	真空注油设备可以抽到的压力的极限数值。
				009	最大起重量（t）	起重设备（行车）实际允许的起吊最大负荷，以吨（t）为单位。
			1007		主要技术参数值	对生产设备的主要技术性能指标数值进行描述。
			1008		生产设备制造商	制造设备的生产厂商。
			1009		设备国产/进口	在国内/国外生产的设备。
				001	国产	在本国生产的生产设备。
				002	进口	向非本国居民购买生产或消费所需的原材料、产品、服务。
			1010		设备单价	单台设备购买的完税后价格。
			1011		设备购买合同及发票扫描件	用扫描仪将设备购买合同及发票原件扫描得到的电子文件。
	03				**生产工艺控制**	反映生产工艺控制过程中一些关键要素的统称。
			1001		适用的产品类别	将适用的产品按照一定规则归类后，该类产品对应的适用的产品类别名称。
			1002		主要工序名称	对产品的质量、性能、功能、生产效率等有重要影响的工序。
				001	铁心剪切	将冷轧取向硅钢片的卷料和板料剪切成铁心片。

表（续）

项目编码					项目名称	说明
物资专用信息标识代码	模块代码	表代码	字段代码	字段值代码		
				002	铁心叠装	将剪切完整的硅钢片按照要求进行叠片。
				003	夹件制作	通过焊接制造铁心上、下轭夹件。
				004	线圈绕制	按照要求绕制变压器各个线圈。
				005	线圈压装及干燥	通过设备将线圈轴向压紧并进行干燥处理。
				006	真空浇注	将环氧树脂和固化剂的混合料在真空环境下浇注到模具中。
				007	线圈固化	在烘房中通过高温使环氧树脂凝固。
				008	绝缘件制作	生产制作新的绝缘零件。
				009	器身装配	将变压器类产品的铁心、线圈、引线及绝缘等组装成整体的过程。
				010	器身干燥	变压器在器身引线装配完成后，进行器身干燥。
				011	油箱制作	通过焊接制造变压器上、下节油箱。
				012	总装配	把变压器所有零件组装起来的工序，是变压器制造的最后工序。
				013	真空注油	在真空条件下，按一定速度将绝缘油注入到设备腔体中。
				014	静放	变压器注油完成后静置一段时间再进行试验。
				015	试验	依据规定的程序测定产品、过程或服务的一种或多种特性的技术操作。
				999	其他	其他工序。
			1003		工艺文件名称	主要描述通过过程控制，实现最终产品的操作文件。
			1004		是否具有相应记录	是否将一套工艺的整个流程用一定的方式记录下来。
			1005		整体执行情况	按照工艺要求，对范围、成本、检测、质量等方面实施情况的体现。
				001	良好	生产工艺整体执行良好。
				002	一般	生产工艺整体执行一般。
				003	较差	生产工艺整体执行较差。
			1006		工艺文件扫描件	用扫描仪将工艺文件扫描得到的电子文件

附 录 E
（规范性附录）
试 验 检 测

项目编码					项目名称	说明
物资专用信息标识代码	模块代码	表代码	字段代码	字段值代码		
略	F				**试验检测**	用规范的方法检验测试某种物体指定的技术性能指标。
		01			**试验检测设备一览表**	反映试验检测设备属性情况的列表。
			1001		试验检测设备	一种产品或材料在投入使用前，对其质量或性能按设计要求进行验证的仪器。
			1002		设备类别	将设备按照不同种类进行区别归类。
			1003		试验项目名称	为了了解产品性能而进行的试验项目的称谓。
				001	绕组电阻测量	测量变压器绕组直流电阻。
				002	电压比测量和联结组标号检定	电压比是一个绕组的额定电压与另一个具有较低或相等额定电压绕组的额定电压之比。联结组标号是用一组字母及钟时序数来表示变压器高压、中压（如果有）和低压绕组的联结方式，以及中压、低压绕组对高压绕组相对相位移的通用标号。
				003	短路阻抗和负载损耗测量	测量短路阻抗和负载损耗。短路阻抗是一对绕组中某一绕组端子间的在额定功率及参考温度下的等值串联阻抗 $Z=R+jX$，单位为欧姆。负载损耗是在一对绕组中，当额定电流（分接电流）流经一个绕组的线路端子，另一绕组短路时在额定频率及参考温度下所吸取的有功功率。
				004	空载损耗和空载电流测量	测量空载损耗和空载电流。当额定频率下的额定电压（分接电压）施加到一个绕组的端子上，其他绕组开路时所吸取的有功功率测量；当额定频率下的额定电压（分接电压）施加到一个绕组的端子上，其他绕组开路时流经该绕组线路端子的电流方均根值测量。
				005	绕组对地及绕组间直流绝缘电阻测量	在规定条件下，用绝缘材料隔开的两个导电元件之间的电阻测量。

表（续）

项目编码					项目名称	说明
物资专用信息标识代码	模块代码	表代码	字段代码	字段值代码		
				006	有载分接开关试验	有载分接开关的操作试验。
				007	压力密封试验	用以证明变压器油箱在运行时不会泄漏的试验。
				008	铁心和夹件绝缘检查	测量铁心和夹件的绝缘电阻。
				009	绝缘液试验	验证绝缘液性能的试验。
				010	外施耐压试验（AV）	验证线端和中性点端子以及和它所连接的绕组对地及对其他绕组的交流电压耐受强度，试验电压施加在绕组所有的端子上，包括中性点端子的试验。
				011	感应耐压试验（IVW）	验证线端和它所连接的绕组对地及对其他绕组的交流耐受强度，同时也验证相间和被试绕组纵绝缘的交流电压耐受强度的试验。
				012	线端雷电全波冲击试验（LI）	验证设备在运行过程中耐受瞬态快速上升典型雷电冲击电压的能力的试验；用来验证被试变压器的雷电冲击耐受强度，冲击波施加于线端的试验；该试验包含高频电压分量，与交流电压试验不同，在绕组中产生的冲击分布是不均匀的。
				013	带有局部放电测量的感应电压试验（IVPD）	验证变压器正常运行条件下不会发生有害的局部放电；以与运行同样的方式在变压器上施加试验电压；试验中对称电压出现在线端和匝间，中性点没有电压；三相变压器采用三相电压进行试验。
				014	线端操作冲击试验（SI）	验证设备在运行过程中耐受与开关操作相关的典型的上升时间缓慢瞬态电压的能力；本试验用来验证线端和它所连接的绕组对地及对其他绕组的操作冲击耐受强度，同时也验证相间和被试绕组纵绝缘的操作冲击耐受强度，适用于设备最高电压 $U_m > 170kV$ 的变压器的例行试验。
				015	线端交流耐压试验（LTAC）	验证每个线端对地的交流电压耐受强度，试验时电压施加在一个或多个绕组线端的试验，本试验允许分级绝缘变压器线端施加适合该线端的电压。

表（续）

项目编码					项目名称	说明
物资专用信息标识代码	模块代码	表代码	字段代码	字段值代码		
				016	局部放电测量（或局部放电试验）	测量发生在电极之间，但并未贯通的放电量。
				017	绕组对地和绕组间电容测量	绕组对地和绕组间电容测量，适用于设备最高电压 $U_m > 72.5\text{kV}$ 的变压器的附加例行试验。
				018	绝缘系统电容的介质损耗因数（$\tan\delta$）测量	受正弦电压作用的绝缘结构或绝缘材料所吸收的有功功率值与无功功率绝对值之比。
				019	在90%和110%的额定电压下的空载损耗和空载电流测量	当额定频率下的 90% 和 110% 额定电压（分接电压）施加到一个绕组的端子上，其他绕组开路时所吸取的有功功率测量；当额定频率下的 90% 和 110% 额定电压（分接电压）施加到一个绕组的端子上，其他绕组开路时流经该绕组线路端子的电流方均根值测量。
			1004		设备名称	试验检测设备的专用称呼。
				001	直流电阻测试仪	采用四端钮伏安测量原理，能直接显示直流电阻值的一种仪器。
				002	变压比测试仪	用于变压比测试的仪器。
				003	绝缘电阻测试仪	由交流电网或电池供电，通过电子电路进行信号变换和处理，对电气设备、绝缘材料和绝缘结构等的绝缘性能进行检测和试验的仪器绝缘电阻测试仪。按其指示装置分为模拟式（指针式）和数字式两种。
				004	高压介质损耗测试仪	采用高压电容电桥的原理，应用数字测量技术，对介质损耗因数和电容量进行自动测量的一种仪器。
				005	功率分析仪	用于测量功率的仪器。
				006	声级计	通常由传声器、信号处理器和显示器组成的仪器。
				007	局部放电测试仪	采用特定方法进行局部放电测量的专用仪器。
				008	绝缘油耐压测试仪	测量绝缘油介电强度参数的专用测试仪器。

表（续）

项目编码					项目名称	说明
物资专用信息标识代码	模块代码	表代码	字段代码	字段值代码		
				009	绝缘油介损测试仪	测量变压器油介质损耗的试验仪器，通常由电源、测量系统、电极杯、温控装置等组成。
				010	绝缘油中微水含量测试仪	测量绝缘油微水含量的试验仪器。
				011	绝缘油气相色谱分析仪	一种绝缘油气体浓度分析仪。
				012	绝缘油中颗粒度测试仪	测量绝缘油不同粒径的颗粒分别进行计数的试验仪器。
				013	冲击电压发生器	用于电力设备等试品进行雷电冲击电压全波、雷电冲击电压截波和操作冲击电压波的冲击电压试验，以检验绝缘性能的装置。
				014	电容补偿装置（电容塔）	用于补偿无功功率，改善功率因数的装置。
				015	绕组变形测试仪	用于诊断绕组发生扭曲、鼓包、移位、倾斜、匝间短路变形及相间接触短路等故障的仪器。
				016	试验变压器	供各种电气设备和绝缘材料做电气绝缘性能试验用的变压器。
				017	电流互感器	在正常使用条件下，其二次电流与一次电流实质上成正比，且其相位差在连接方法正确时接近于零的互感器。
				018	电压互感器	在正常使用条件下，其二次电压与一次电压实质上成正比，且其相位差在连接方法正确时接近于零的互感器。
				019	工频发电机组	将其他形式的能源转换成电能的机械设备，输出电源频率为50Hz。
				020	中频发电机组	一般对外提供频率为100Hz、125Hz、150Hz、200Hz、电压为0～800V的三相交流电源；别称还包括倍频耐压机、倍频耐压试验装置和三倍耐压试验装置。
				021	变频电源	可在一定范围内调整输出电能频率的变压器。
				022	中间变压器	一般能起到变换电压和电流，变换相数和相位及变换频率等作用，升压用中间变压器是应用最为广泛的一种。

表（续）

项目编码					项目名称	说明
物资专用信息标识代码	模块代码	表代码	字段代码	字段值代码		
				023	调压器	在规定条件下，输出电压可在一定范围内连续、平滑、无级调节的特殊变压器。
				024	串联谐振试验装置	通过调整试验回路中的电感、电容或（和）电源频率，使其达到谐振状态的试验装置，串联谐振是谐振电路一种连接方式。
				025	红外热像仪	通过红外光学系统、红外探测器及电子处理系统，将物体表面红外辐射转换成可见图像的设备。
				999	其他类别设备（台）	除以上外其他类别的设备。
			1005		设备型号	便于使用、制造、设计等部门进行业务联系和简化技术文件中产品名称、规格、型式等叙述而引用的一种代号。
			1006		数量	试验检测设备的数量。
			1007		主要技术参数项	描述设备的主要技术要求的项目。
				001	最大量程（MΩ）	能测量的物理量的最大值。
				002	最大测量电流（A）	能测量的电流的最大值。
				003	通道数（每台）	测量通道数量。
				004	额定电压（kV）	由制造商对一电气设备在规定的工作条件下所规定的电压。
				005	额定容量	指铭牌上所标明的电机或电器在额定工作条件下能长期持续工作的容量，通常对变压器指视在功率，对电机指有功功率，对调相设备指视在功率或无功功率，单位分别为 VA、kVA、MVA。
				006	总容量（Mvar每座）	电容器的总容量。
			1008		主要技术参数值	描述设备的主要技术要求的数值。
			1009		是否具有有效的检定证书	是否具备由法定计量检定机构对仪器设备出具的证书。
			1010		设备制造商	制造设备的生产厂商，不是代理商或贸易商。

表（续）

项目编码					项目名称	说明
物资专用信息标识代码	模块代码	表代码	字段代码	字段值代码		
			1011		设备国产/进口	在国内/国外生产的设备。
				001	国产	在本国生产的生产设备。
				002	进口	向非本国居民购买生产或消费所需的原材料、产品、服务。
			1012		设备单价	购置单台生产设备的完税后价格。
			1013		设备购买合同及发票扫描件	用扫描仪将设备购买合同及发票原件扫描得到的电子文件。
		02			**试验检测人员一览表**	反映试验检测人员情况的列表。
			1001		姓名	在户籍管理部门正式登记注册、人事档案中正式记载的姓氏名称。
			1002		资质证书名称	表明劳动者具有从事某一职业所必备的学识和技能的证书的名称，通常包括行业类别、专业、等级等信息。
			1003		资质证书编号	资质证书的编号或号码。
			1004		资质证书出具机构	资质评定机关的中文全称。
			1005		资质证书出具时间	资质评定机关核发资质证书的年月日，采用 YYYYMMDD 的日期形式。
			1006		有效期至	资质证书登记的有效期的终止日期，采用 YYYYMMDD 的日期形式。
			1007		资质证书扫描件	用扫描仪将资质证书正本扫描得到的电子文件。
		03			**现场抽样检测记录表**	反映现场抽样检测记录情况的列表。
			1001		适用的产品类别	实际抽样的产品可以代表的一类产品的类别。
			1002		现场抽样检测时间	现场随机抽取产品进行试验检测的具体日期，采用 YYYYMMDD 的日期形式。
			1003		产品类别	将产品按照一定规则归类后，该类产品对应的的类别。
			1004		抽样检测产品型号	便于使用、制造、设计等部门进行业务联系和简化技术文件中产品名称、规格、型式等叙述而引用的一种代号。

表（续）

项目编码					项目名称	说明
物资专用信息标识代码	模块代码	表代码	字段代码	字段值代码		
			1005		抽样检测产品编号	同一类型产品生产出来后给定的用来识别某类型产品中的每一个产品的一组代码，由数字和字母或其他代码组成。
			1006		抽样检测项目	从欲检测的全部样品中抽取一部分样品单位进行检测的项目。
				001	绕组电阻测量	变压器绕组直流电阻测量。
				002	电压比测量和联结组标号检定	电压比测量和联结组标号检定。电压比指一个绕组的额定电压与另一个具有较低或相等额定电压绕组的额定电压之比。联结组标号指用一组字母及钟时序数来表示变压器高压、中压（如果有）和低压绕组的联结方式以及中压、低压绕组对高压绕组相对相位移的通用标号。
				003	短路阻抗和负载损耗测量	短路阻抗和负载损耗测量。负载损耗指在一对绕组中，当额定电流（分接电流）流经一个绕组的线路端子，且另一绕组短路时在额定频率及参考温度下所吸取的有功功率。短路阻抗指一对绕组中某一绕组端子间的在额定功率及参考温度下的等值串联阻抗 $Z=R+jX$，单位为欧姆。
				004	空载损耗和空载电流测量	测量空载损耗和空载电流。空载损耗指当额定频率下的额定电压（分接电压）施加到一个绕组的端子上，其他绕组开路时所吸取的有功功率。空载电流指当额定频率下的额定电压（分接电压）施加到一个绕组的端子上，其他绕组开路时流经该绕组线路端子的电流方均根值。
				005	绕组对地及绕组间直流绝缘电阻测量	在规定条件下，用绝缘材料隔开的两个导电元件之间的电阻测量。
				006	有载分接开关试验	有载分接开关的操作试验。
				007	压力密封试验	用以证明变压器油箱在运行时不会泄漏的试验。
				008	铁心和夹件绝缘检查	测量铁心和夹件的绝缘电阻。
				009	绝缘液试验	验证绝缘液性能的试验。

表（续）

项目编码					项目名称	说明
物资专用信息标识代码	模块代码	表代码	字段代码	字段值代码		
				010	外施耐压试验（AV）	验证线端和中性点端子以及和它所连接的绕组对地及对其他绕组的交流电压耐受强度的试验，试验电压施加在绕组所有的端子上，包括中性点端子。
				011	感应耐压试验（IVW）	验证线端和它所连接的绕组对地及对其他绕组的交流耐受强度，并验证相间和被试绕组纵绝缘的交流电压耐受强度的试验。
				012	局部放电测量（或局部放电试验）	测量空载损耗和空载电流。空载损耗指当额定频率下的额定电压（分接电压）施加到一个绕组的端子上，其他绕组开路时所吸取的有功功率。空载电流指当额定频率下的额定电压（分接电压）施加到一个绕组的端子上，其他绕组开路时流经该绕组线路端子的电流方均根值。
				013	线端雷电全波冲击试验（LI）	验证变压器正常运行条件下不会发生有害的局部放电的试验；以与运行同样的方式在变压器上施加试验电压；试验中对称电压出现在线端和匝间，中性点没有电压；三相变压器采用三相电压进行试验。
				014	带有局部放电测量的感应电压试验（IVPD）	验证设备在运行过程中耐受与开关操作相关的典型的上升时间缓慢瞬态电压的能力；本试验用来验证线端和它所连接的绕组对地及对其他绕组的操作冲击耐受强度，同时也验证相间和被试绕组纵绝缘的操作冲击耐受强度，适用于设备最高电压 U_m>170kV 的变压器的例行试验。
				015	线端操作冲击试验（SI）	验证每个线端对地的交流电压耐受强度，试验时电压施加在一个或多个绕组线端，本试验允许分级绝缘变压器线端施加适合该线端的电压。
				016	线端交流耐压试验（LTAC）	发生在电极之间，但并未贯通的放电；这种放电可以在导体附近发生，也可以不在导体附近发生。
				017	绕组对地和绕组间电容测量	绕组对地和绕组间电容测量，适用于设备最高电压 U_m>72.5kV 的变压器的附加例行试验。
				018	绝缘系统电容的介质损耗因数（tanδ）测量	受正弦电压作用的绝缘结构或绝缘材料所吸收的有功功率值与无功功率绝对值之比测量。

表（续）

项目编码					项目名称	说明
物资专用信息标识代码	模块代码	表代码	字段代码	字段值代码		
				019	在90%和110%的额定电压下的空载损耗和空载电流测量	当额定频率下的90%和110%额定电压（分接电压）施加到一个绕组的端子上，其他绕组开路时所吸取的有功功率的测量；当额定频率下的90%和110%额定电压（分接电压）施加到一个绕组的端子上，其他绕组开路时流经该绕组线路端子的电流方均根值的测量。
				999	其他抽样检测项目	其他试验项目。
			1007		抽样检测结果	对抽取样品检测项目的结论/结果

附　录　F

（规范性附录）

原　材　料/组　部　件

项目编码					项目名称	说明
物资专用信息标识代码	模块代码	表代码	字段代码	字段值代码		
略	G				**原材料/组部件**	原材料指生产某种产品所需的基本原料；组部件指某种产品的组成部件。
		01			**原材料/组部件一览表**	反映原材料或组部件情况的列表。
			1001		原材料/组部件名称	生产某种产品的基本原料的名称，或产品的组成部件的名称。
				001	硅钢片	一种含碳极低的硅铁软磁合金，一般含硅量为0.5%～4.5%，加入硅可提高铁的电阻率和最大磁导率，降低矫顽力、铁心损耗（铁损）和磁时效，主要用来制作各种变压器、电动机和发电机的铁心。
				002	电磁线	构成与变压器、电抗器或调压器标注的某一电压值相对的电气线路的一组线匝。
				003	绝缘油	具有良好的介电性能，适用于电气设备的油品。
				004	套管	由导电杆和套形绝缘件组成的一种组件，可使其内的导体穿过如墙壁或油箱一类的结构件，并构成导体与此结构件之间的电气绝缘。
				005	储油柜	为适应油箱内变压器油体积变化而设立的一个与变压器油箱相通的容器。
				006	冷却器或散热器	指通过一定的方法将运行中的变压器所产生的热量散发出去的装置。
				007	分接开关	为改变电压比而在线圈上引出的抽头的开关。
				008	绝缘件	变压器上保证内部绝缘可靠的材料，具有良好的电气性能，电阻系数大，耐压值高，有足够的机械强度、足够的耐热性能、较小的介质损耗、较高的导热系数。
				009	密封材料	能承受位移并具有高气密性及水密性而嵌入变压器接缝中的定型和不定型的材料，主要填充于接头或与其他结构的连接处。

表（续）

项目编码					项目名称	说明
物资专用信息标识代码	模块代码	表代码	字段代码	字段值代码		
				010	气体继电器	变压器专用的一种保护装置，用于变压器内部出现故障而使油分解产生气体或造成油流冲动时，使继电器接点动作，以接通指定的控制回路，并及时发出信号或自动切除变压器。
				011	压力释放阀	一种释放油箱内部故障时产生的过大压力的保护装置，用于当压力超过额定的整定值时，释放装置打开并及时将大量气体和油排出油箱外，从而降低油箱内部压力。
				012	油位计	指示油面位置的装置，俗称"油表"。
				013	温度计	一种利用感温介质热胀冷缩来显示变压器内顶层油温的仪表或表计。
				014	套管 CT	没有自身一次导体和一次绝缘，可直接套装在绝缘的套管上或绝缘的导线上的电流互感器。
				015	风扇	一种专供变压器冷却系统用的通风机。
				016	控制箱	集成变压器附件的二次控制。
				017	胶囊	变压器储油柜中用于隔离变压器油与空气，使空气中的水分和氧气不接触变压器油。
				999	其他原材料/组部件名称	其他的原材料/组装部件的名称。
			1002		原材料/组部件规格型号	反映原材料/组部件的性质、性能、品质等一系列的指标，一般由一组字母和数字以一定的规律编号组成，如品牌、等级、成分、含量、纯度、大小（尺寸、重量）等。
			1003		原材料/组部件制造商名称	所使用的原材料/组部件的制造商的名称。
			1004		原材料/组部件国产/进口	所使用的原材料/组部件是国产或进口。
				001	国产	本国（中国）生产的原材料或组部件。
				002	进口	向非本国居民购买生产或消费所需的原材料、产品、服务。
			1005		检测方式	为确定某一物质的性质、特征、组成等而进行的试验，或根据一定的要求和标准来检查试验对象品质的优良程度的方式。

表（续）

项目编码					项目名称	说明
物资专用信息标识代码	模块代码	表代码	字段代码	字段值代码		
				001	本厂全检	指由本厂实施，根据某种标准对被检查产品进行全部检查。
				002	本厂抽检	指由本厂实施，从一批产品中按照一定规则随机抽取少量产品（样本）进行检验，据以判断该批产品是否合格的统计方法。
				003	委外全检	指委托给其他具有相关资质的单位实施，根据某种标准对被检查产品进行全部检查。
				004	委外抽检	指委托给其他具有相关资质的单位实施，从一批产品中按照一定规则随机抽取少量产品（样本）进行检验，据以判断该批产品是否合格。
				005	不检	不用检查或没有检查

附　录　G
（规范性附录）
产　品　产　能

项目编码					项目名称	说明
物资专用信息标识代码	模块代码	表代码	字段代码	字段值代码		
略	H				**产品产能**	在计划期内，企业参与生产的全部固定资产，在既定的组织技术条件下，所能生产的产品数量，或者能够处理的原材料数量。
		01			**生产能力表**	反映企业生产能力情况的列表。
			1001		产品类型	将产品按照一定规则归类后，该类产品对应的类别。
				001	电压等级：750kV（单相）	电压等级为 750kV 的单相交流变压器。
				002	电压等级：500kV（单相）	电压等级为 500 kV 的单相交流变压器。
				003	电压等级：330kV	电压等级为 330 kV 的交流变压器。
				004	电压等级：220kV	电压等级为 220 kV 的交流变压器。
				005	电压等级：110kV	电压等级为 110 kV 的交流变压器。
				006	电压等级：66kV	电压等级为 66 kV 的交流变压器。
				007	电压等级：35kV（油浸）	电压等级为 35 kV 的油浸式交流变压器。
				008	电压等级：35kV（干式）	电压等级为 35 kV 的干式交流变压器。
				009	电压等级：20kV 及以下（干式）	电压等级为 20 kV 及以下的干式交流变压器。
				010	电压等级：20kV 及以下（油浸）	电压等级为 20 kV 及以下的油浸式交流变压器。
				999	其他	其他类型的交流变压器。
			1002		瓶颈工序名称	制约整条生产线产出量的那一部分工作步骤或工艺过程的名称。
				001	铁心制造	铁心制造的过程。
				002	线圈绕制	按照要求绕制变压器各个线圈。

表（续）

项目编码					项目名称	说明
物资专用信息标识代码	模块代码	表代码	字段代码	字段值代码		
				003	器身干燥	变压器在器身引线装配完成后，进行器身干燥。
				004	线圈浇注	将环氧树脂和固化剂的混合料在真空环境下浇注到模具中。
				005	线圈固化	在烘房中通过高温使环氧树脂凝固。
				006	例行试验	对制造中或完工后的每一个产品所进行的符合性试验

箱式变电站供应商专用信息

目　次

箱式变电站供应商专用信息

1 范围

本部分规定了箱式变电站类物资供应商的报告证书、生产制造、试验检测、原材料/组部件和产品产能等专用信息数据规范。

本部分适用于国家电网有限公司供应商资质能力信息核实工作，以及涉及供应商数据的相关应用。

本部分适用的箱式变电站类物料及其物料组编码见附录 A。

2 规范性引用文件

下列文件对于本文件的应用是必不可少的。凡是注日期的引用文件，仅注日期的版本适用于本文件。凡是不注日期的引用文件，其最新版本（包括所有的修改单）适用于本文件。

GB 1094.1—2013　电力变压器　第 1 部分：总则

GB 1094.2—2013　电力变压器　第 2 部分：液浸式变压器的温升

GB 1094.5—2008　电力变压器　第 5 部分：承受短路的能力

GB/T 1094.3—2017　电力变压器　第 3 部分：绝缘水平、绝缘试验和外绝缘空气间隙

GB/T 1094.10—2003　电力变压器　第 10 部分：声级测定

GB/T 1984—2014　高压交流断路器

GB/T 2900.1—2008　电工术语　基本术语

GB/T 2900.5—2013　电工术语　绝缘固体、液体和气体

GB/T 2900.20—2016　电工术语　高压开关设备和控制设备

GB/T 2900.39—2009　电工术语　电机、变压器专用设备

GB/T 2900.94—2015　电工术语　互感器

GB/T 2900.95—2015　电工术语　变压器、调压器和电抗器

GB/T 3906—2006　3.6kV～40.5kV 交流金属封闭开关设备和控制设备

GB/T 4208—2017　外壳防护等级（IP 代码）

GB/T 4831—2016　旋转电机产品型号编制方法

GB/T 6974.1—2008　起重机　术语　第 1 部分：通用术语

GB/T 11022—2011　高压开关设备和控制设备标准的共用技术要求

GB/T 15416—2014　科技报告编号规则

GB/T 16927.1—2011　高电压试验技术　第1部分：一般定义及试验要求

GB 17467—2010　高压低压预装式变电站

GB/T 19488.2—2008　电子政务数据元　第2部分：公共数据元目录

GB/T 20138—2006　电器设备外壳对外界机械碰撞的防护等级（IK代码）

GB/T 32192—2015　耐电压测试仪

GB/T 36104—2018　基础法人和其他组织统一社会信用代码数据元

DL/T 402—2016　高压交流断路器

DL/T 404—2007　3.6kV～40.5kV交流金属封闭开关设备和控制设备

DL/T 419—2015　电力用油名词术语

DL/T 845.3—2004　电阻测量装置通用技术条件　第3部分：直流电阻测试仪

DL/T 846.7—2016　高电压测试设备通用技术条件　第7部分：绝缘油介电强度测试仪

DL/T 963—2005　变压比测试仪通用技术条件

DL/T 1305—2013　变压器油介损测试仪通用技术条件

SJ/T 11385—2008　绝缘电阻测试仪通用规范

JB/T 501—2006　电力变压器试验导则

3　术语和定义

下列术语和定义适用于本文件。

3.1

报告证书　report certificate

具有相应资质、权力的机构或机关等发的证明资格或权力的文件。

3.2

生产制造　production-manufacturing

生产企业整合相关的生产资源，按预定目标进行系统性的从前端概念设计到产品实现的物化过程。

3.3

试验检测　test verification

用规范的方法检验测试某种物体指定的技术性能指标。

3.4

原材料/组部件　raw material and components

指生产某种产品所需的基本原料或组成部件。

3.5

产品产能　product capacity

在计划期内，企业参与生产的全部固定资产，在既定的组织技术条件下，所能生产的产品数量。

4 符号和缩略语

下列符号和缩略语适用于本文件。

4.1 符号

kW：功率单位。

kVA：电流单位。

MΩ：电阻单位。

℃：温度单位。

dB：分贝。

L/h：流量单位。

mm：长度单位。

t：重量单位。

4.2 缩略语

$\tan\delta$：两个模量比。

5 报告证书

报告证书包括欧式箱式变电站—检测报告试验数据汇总表、美式箱式变电站—检测报告试验数据汇总表，报告证书见附录 B。

5.1 欧式箱式变电站—检测报告试验数据汇总表

欧式箱式变电站—检测报告试验数据汇总表包括物料描述、产品型号、报告编号、检验类别、委托单位、产品制造单位、报告出具机构、报告出具时间、报告扫描件、检测报告有效期至、试验报告对应的选配变压器厂商、试验报告对应的选配变压器型号、试验报告对应的选配高压柜厂商、试验报告对应的选配高压柜型号、绝缘试验、辅助和控制回路的绝缘试验、设计和外观检查、接地连续性试验、功能试验、温升试验、主回路和接地回路的短时和峰值耐受电流试验、防护等级检验、验证外壳耐受机械应力试验、声级试验、电磁兼容性（EMC）试验、内部电弧试验—箱式变电站整体。

5.2 美式箱式变电站—检测报告试验数据汇总表

美式箱式变电站—检测报告试验数据汇总表包括产品目录、产品型号、报告编号、检验类别、委托单位、产品制造单位、报告出具机构、报告出具时间、报告扫描件、检测报告有效期至、一般检查、机械操作试验、油箱密封试验、直流电阻不平衡率测量、电压比测量和联结组标号检定、绕组对地绝缘电阻的测量—绝缘电阻最小值、外施耐压试验、感应耐压试验、短路阻抗和负载损耗测量、空载电流和空载损耗测量、绝缘油试验、温升试验、机械寿命试验、油箱机械强度试验、雷电冲击试验、防护等级试验、短路承受能力试验、额定短时和峰值耐受电流能力试验或环网主回路短时热稳定电流和额定动稳定电流试验、声级测定。

6 生产制造

生产制造主要包括生产厂房、主要生产设备、生产工艺控制、关键岗位持证人员一览表，生产制造信息见附录 C。

6.1 生产厂房

生产厂房包括生产厂房所在地、厂房权属情况、厂房自有率、租赁起始日期、租赁截止日期、厂房总面积、封闭厂房总面积。

6.2 主要生产设备

主要生产设备一览表包括生产设备、设备类别、设备名称、设备型号、数量、主要技术参数项、设备制造商、设备国产/进口、设备单价、设备购买合同及发票扫描件、备注。

6.3 生产工艺控制

生产工艺控制情况表包括适用的产品类别、主要工序名称、工艺文件名称、是否具有相应记录、整体执行情况、工艺文件扫描件、备注。

6.4 关键岗位持证人员一览表

关键岗位持证人员一览表包括姓名、身份证号码、是否有高压试验证书。

7 试验检测

试验检测包括试试验检测设备一览表、试验检测人员一览表、现场抽样检测记录表，试验检测信息见附录 D。

7.1 试验检测设备一览表

试验检测设备一览表包括试验检测设备、设备类别、试验项目名称、设备名称、设备型号、数量、主要技术参数项、主要技术参数值、是否具有有效的检定证书、设备制造商、设备国产/进口、设备单价、设备购买合同及发票扫描件、备注。

7.2 试验检测人员一览表

试验检测人员一览表包括姓名、资质证书名称、资质证书编号、资质证书出具机构、资质证书出具时间、有效期至、资质证书扫描件。

7.3 现场抽样检测记录表

现场抽样检测记录表包括适用的产品类别、现场抽样检测时间、产品类别、抽样检测产品型号、抽样检测产品编号、抽样检测项目、抽样检测结果、备注。

8 原材料/组部件

原材料/组部件包括原材料/组部件一览表，原材料/组部件信息见附录 E。

8.1 原材料/组部件一览表

原材料/组部件一览表包括原材料/组部件名称、原材料/组部件规格型号、原材料/组部件制造商名称、原材料/组部件国产/进口、检测方式。

9　产品产能

产品产能包括生产能力表，产品产能信息见附录 F。

9.1　生产能力表

生产能力表包括产品类型。

附　录　A
（规范性附录）
适用的物资及物资专用信息标识代码

物资类别	物料所属大类	物资所属中类	物资所属小类	物资名称	物资专用信息标识代码
箱式变电站	一次设备	交流变压器	箱式变电站	箱式变电站	G1001012

附　录　B
（规范性附录）
报　告　证　书

项目编码					项目名称	说明
物资专用信息标识代码	模块代码	表代码	字段代码	字段值代码		
略	C				**报告证书**	具有相应资质、权力的机构或机关等发的证明资格或权力的文件。
		01			**欧式箱式变电站—检测报告试验数据汇总表**	反映欧式箱式变电站检测报告数据内容情况的列表。
			1001		物料描述	以简短的文字、符号或数字、号码来代表物料、品名、规格或类别及其他有关事项的一种管理工具。
			1002		产品型号	便于使用、制造、设计等部门进行业务联系和简化技术文件中产品名称、规格、型式等叙述而引用的一种代号。
			1003		报告编号	采用字母、数字混合字符组成的用以标识检测报告的完整的、格式化的一组代码，是检测报告上标注的报告唯一性标识。
			1004		检验类别	按不同检验方式进行区别分类。
				001	送检	产品送到第三方检测机构进行检验的类型。
				002	委托监试	委托第三方检测机构提供试验仪器试验人员到现场对产品进行检验的类型。
			1005		委托单位	委托检测活动的单位。
			1006		产品制造单位	检测报告中送检样品的生产制造单位。
			1007		报告出具机构	应申请检验人的要求，对产品进行检验后所出具书面证明的检验机构。
			1008		报告出具时间	企业检测报告出具的年月日，采用YYYYMMDD的日期形式。
			1009		报告扫描件	用扫描仪将检测报告正本扫描得到的电子文件。
			1010		检测报告有效期至	认证证书有效期的截止年月日，采用YYYYMMDD的日期形式。

表（续）

项目编码					项目名称	说明
物资专用信息标识代码	模块代码	表代码	字段代码	字段值代码		
			1011		试验报告对应的选配变压器厂商	试验报告对应的选配变压器厂商名称。
			1012		试验报告对应的选配变压器型号	试验报告对应的选配变压器型号。
			1013		试验报告对应的选配高压柜厂商	试验报告对应的选配高压柜厂商名称。
			1014		试验报告对应的选配高压柜型号	试验报告对应的选配高压柜型号。
			1015		绝缘试验	用于验证设备绝缘能力的试验。
				001	绝缘电阻试验	在规定条件下，用绝缘材料隔开的两个导电元件之间的电阻。
				002	外施耐压试验	用来验证线端和中性点端子以及和它所连接的绕组对地及对其他绕组的交流电压耐受强度，试验电压施加在绕组所有的端子上，包括中性点端子。
				003	感应耐压试验	用来验证线端和它所连接的绕组对地及对其他绕组的交流耐受强度，同时也验证相间和被试绕组纵绝缘的交流电压耐受强度。
				004	雷电冲击试验	用来验证设备在运行过程中耐受瞬态快速上升典型雷电冲击电压的能力，用来验证被试变压器的雷电冲击耐受强度，冲击波施加于线端；该试验包含高频电压分量，与交流电压试验不同，在绕组中产生的冲击分布是不均匀的。
			1016		辅助和控制回路的绝缘试验	安装在或邻近于开关设备和控制设备的控制和辅助回路，包括中央控制柜中的回路；监控、诊断等用的设备和互感器的二次端子连接的回路，应该承受短时工频电压耐受试验。
				001	合格	辅助和控制回路的绝缘试验结果为合格。
				002	不合格	辅助和控制回路的绝缘试验结果为不合格。
			1017		设计和外观检查	在不解体的情况下对开关设备和控制设备的主要特性进行的检视，以证明它们符合买方的技术条件。

表（续）

项目编码					项目名称	说明
物资专用信息标识代码	模块代码	表代码	字段代码	字段值代码		
			1018		接地连续性试验	测量产品接地线与外壳之间的接触电阻。
			1019		功能试验	证明能在预装式变电站上完成所有需要的交接、运行和维护工作。
			1020		温升试验	在规定运行条件下，确定产品的一个或多个部分的平均温度与外部冷却介质温度之差的试验。
				001	温升试验—变压器顶层油温升	顶层液体温度与外部冷却介质温度之差。
				002	温升试验—低压绕组平均温升	低压绕组平均温度与外部冷却介质温度之差。
				003	温升试验—高压绕组平均温升	高压绕组平均温度与外部冷却介质温度之差。
				004	温升试验—电子设备安装处空气温度（℃）	电子安装处空气温度是电子安装处周围空气的平均温度。
				005	温升试验—高压连接线及其端子	高压连接线及其端子处平均温度与外部冷却介质温度之差。
				006	温升试验—低压连接线	低压连接线处平均温度与外部冷却介质温度之差。
				007	温升试验—低压开关设备	低压开关设备平均温度与外部冷却介质温度之差。
				008	温升试验—外壳温升	外壳平均温度与外部冷却介质温度之差。
				009	温升试验（外壳级别）	变压器在外壳内的温升和同一台变压器在外壳外的温升之差。
				010	0	温升之差为0K。
				011	5	温升之差为5K。
				012	10	温升之差为10K。
				013	15	温升之差为15K。
				014	20	温升之差为20K。
				015	25	温升之差为25K。
				016	30	温升之差为30K。

表（续）

项目编码					项目名称	说明
物资专用信息标识代码	模块代码	表代码	字段代码	字段值代码		
			1021		主回路和接地回路的短时和峰值耐受电流试验	试验应在偏差为±10%的额定频率和任一合适的电压下进行，并在任一方便的周围空气温度下开始试验。
			1022		防护等级检验	检验产品是否具有防尘和防水的能力，测试该产品的密封性是否完好，并依据GB/T 4208—2008和IEC60529评定防护等级。
				001	防护等级检验—IP 代码	一种表示外壳防护等级并给出相关信息的编码系统，这种防护是指防止接近设备的危险部件，以及防止固体外物和水进入设备。
				002	防护等级检验—IK 代码	外壳对设备提供的因外界机械碰撞而不使设备受到有害影响的防护（等级），并采用标准的试验方法得到验证。
			1023		验证外壳耐受机械应力试验	用来验证外壳耐受风压、顶部负载和机械碰撞产生的负荷和冲击的能力。
			1024		声级试验	用来验证空载声级水平，此时，所有在额定功率下运行时需要的冷却设备应投入运行。
			1025		电磁兼容性（EMC）试验	在实验室或外场环境条件下，利用电磁干扰检测设备和电磁干扰产生设备，对系统、设备的电磁兼容性进行考核的试验。
			1026		内部电弧试验—箱变整体	用来验证在金属封闭开关和控制设备处于正常工作位置且内部出现电弧事件时，为正常运行设备附近的人员提供了经过试验的保护水平。
		02			**美式箱式变电站—检测报告试验数据汇总表**	反映美式箱式变电站检测报告数据内容情况的列表。
			1001		产品目录	指在产品分类和编码的基础上，用表格、文字、数字和字母等全面记录和反映产品分类体系的文件形式。
			1002		产品型号	便于使用、制造、设计等部门进行业务联系和简化技术文件中产品名称、规格、型式等叙述而引用的一种代号。

表（续）

项目编码					项目名称	说明
物资专用信息标识代码	模块代码	表代码	字段代码	字段值代码		
			1003		报告编号	采用字母、数字混合字符组成的用以标识检测报告的完整的、格式化的一组代码，是检测报告上标注的报告唯一性标识。
			1004		检验类别	对不同检验方式进行区别分类。
				001	送检	产品送到第三方检测机构进行检验的类型。
				002	委托监试	委托第三方检测机构提供试验仪器试验人员到现场对产品进行检验的类型。
			1005		委托单位	委托检测活动的单位。
			1006		产品制造单位	检测报告中送检样品的生产制造单位。
			1007		报告出具机构	应申请检验人的要求，对产品进行检验后所出具书面证明的检验机构。
			1008		报告出具时间	企业检测报告出具的年月日，采用YYYYMMDD的日期形式。
			1009		报告扫描件	用扫描仪将检测报告正本扫描得到的电子文件。
			1010		检测报告有效期至	认证证书有效期的截止年月日，采用YYYYMMDD的日期形式。
			1011		一般检查	对整体外观，电气间隙进行检查以及辅助回路和布线通电检查。
			1012		机械操作试验	主回路和接地回路中所装的开关装置在规定的操作条件下的机械特性应符合开关装置各自技术条件的要求。
			1013		油箱密封试验	检测油箱和充油组部件本体及装配部位的密封性能。
			1014		直流电阻不平衡率测量	以三相电阻的最大值与最小值之差为分子、三相电阻的平均值为分母进行计算的测量。
				001	直流电阻不平衡率测量—高压绕组不平衡率最大值	高压绕组直流电阻不平衡率最大值。
				002	直流电阻不平衡率测量—低压绕组不平衡率最大值（%）	低压绕组直流电阻不平衡率最大值。

表（续）

项目编码					项目名称	说明
物资专用信息标识代码	模块代码	表代码	字段代码	字段值代码		
			1015		电压比测量和联结组标号检定	对一个绕组的额定电压与另一个具有较低或相等额定电压绕组的额定电压之比的测量；对用一组字母及钟时序数来表示变压器高压、中压（如果有）和低压绕组的联结方式以及中压、低压绕组对高压绕组相对相位移的通用标号的检定。
				001	电压比测量和联结组标号检定—高压/低压电压比偏差绝对值的最大值	一个绕组的额定电压与另一个具有较低或相等额定电压绕组的额定电压之比。
				002	电压比测量和联结组标号检定—联结组标号	用一组字母及钟时序数来表示变压器高压、中压（如果有）和低压绕组的联结方式以及中压、低压绕组对高压绕组相对相位移的通用标号。
			1016		绕组对地绝缘电阻的测量—绝缘电阻最小值	在规定条件下，用绝缘材料隔开的两个导电元件之间的电阻。
			1017		外施耐压试验	用来验证线端和中性点端子以及和它所连接的绕组对地及对其他绕组的交流电压耐受强度，试验电压施加在绕组所有的端子上，包括中性点端子。
			1018		感应耐压试验	用来验证线端和它所连接的绕组对地及对其他绕组的交流耐受强度，同时也验证相间和被试绕组纵绝缘的交流电压耐受强度。
			1019		短路阻抗和负载损耗测量	对一对绕组中某一绕组端子间的在额定功率及参考温度下的等值串联阻抗的测量，$Z=R+jX$，单位为欧姆；对在一对绕组中，当额定电流（分接电流）流经一个绕组的线路端子，且另一绕组短路时在额定频率及参考温度下所吸取的有功功率的测量。
				001	短路阻抗和负载损耗测量—主分接负载损耗	高压绕组与低压绕组之间主分接上的负载损耗。
				002	短路阻抗和负载损耗测量—短路阻抗	高压绕组与低压绕组之间主分接上的短路阻抗。

表（续）

项目编码					项目名称	说明
物资专用信息标识代码	模块代码	表代码	字段代码	字段值代码		
			1020		空载电流和空载损耗测量	测量空载损耗和空载电流。空载损耗指当额定频率下的额定电压（分接电压）施加到一个绕组的端子上，其他绕组开路时所吸取的有功功率。空载电流指当额定频率下的额定电压（分接电压）施加到一个绕组的端子上，其他绕组开路时流经该绕组线路端子的电流方均根值。
				001	空载损耗和空载电流测量（空载损耗）	测量当额定频率下的额定电压（分接电压）施加到一个绕组的端子上，其他绕组开路时所吸取的有功功率。
				002	空载损耗和空载电流测量（空载电流）	测量当额定频率下的额定电压（分接电压）施加到一个绕组的端子上，其他绕组开路时流经该绕组线路端子的电流方均根值。
			1021		绝缘油试验	验证绝缘液性能的试验。
				001	绝缘油试验—击穿电压	在规定的试验条件下或在使用中发生击穿时的电压。
				002	绝缘油试验—$\tan\delta$（90℃）	受正弦电压作用的绝缘结构或绝缘材料所吸收的有功功率值与无功功率绝对值之比。
			1022		温升试验	在规定运行条件下，确定产品的一个或多个部分的平均温度与外部冷却介质温度之差的试验。
				001	温升试验—变压器顶层油温升	顶层液体温度与外部冷却介质温度之差。
				002	温升试验—低压绕组平均温升	低压绕组平均温度与外部冷却介质温度之差。
				003	温升试验—高压绕组平均温升	高压绕组平均温度与外部冷却介质温度之差。
			1023		机械寿命试验	机械寿命是指机械设备的寿命，也为电器的抗机械磨损能力，可用有关产品标准规定的空载循环（即主触头不通电流）次数来表征。
			1024		油箱机械强度试验	通过正压和真空试验检测油箱的机械强度是否符合设计要求。

表（续）

项目编码					项目名称	说明
物资专用信息标识代码	模块代码	表代码	字段代码	字段值代码		
			1025		雷电冲击试验	用来验证设备在运行过程中耐受瞬态快速上升典型雷电冲击电压的能力，用来验证被试变压器的雷电冲击耐受强度，冲击波施加于线端；该试验包含高频电压分量，与交流电压试验不同，在绕组中产生的冲击分布是不均匀的。
				001	雷电冲击试验—全波	在规定条件下，变压器能承受不为破环性放电而截断的雷电冲击电压。
				002	雷电冲击试验—截波	在规定条件下，变压器能承受有破坏性放电导致的电压突然跌落至零的雷电冲击电压。
			1026		防护等级试验	按标准规定的检验方法，确定外壳对人接近危险部件、防止固体异物进入或水进入所提供的保护程度。
			1027		短路承受能力试验	电力变压器在由外部短路引起的过电流作用下应无损伤的要求。
			1028		额定短时和峰值耐受电流能力试验或环网主回路短时热稳定电流和额定动稳定电流试验	在规定的使用和性能条件下，在规定时间下，开关设备和控制设备在合闸位置能够承载的电流的有效值和能够承受的额定短时耐受电流第一个大半波的电流峰值。
			1029		声级测定	用来测定空载声级水平，此时，所有在额定功率下运行时需要的冷却设备应投入运行

附 录 C

（规范性附录）

生 产 制 造

项目编码					项目名称	说明
物资专用信息标识代码	模块代码	表代码	字段代码	字段值代码		
略	E				生产制造	生产企业整合相关的生产资源，按预定目标进行系统性的从前端概念设计到产品实现的物化过程。
		01			生产厂房	反映企业生产厂房属性的统称。
			1001		生产厂房所在地	生产厂房的地址，包括所属行政区划名称，乡（镇）、村、街名称和门牌号。
			1002		厂房权属情况	指厂房产权在主体上的归属状态。
				001	自有	指产权归属自己。
				002	租赁	按照达成的契约协定，出租人把拥有的特定财产（包括动产和不动产）在特定时期内的使用权转让给承租人，承租人按照协定支付租金的交易行为。
				003	部分自有	指部分产权归属自己。
			1003		厂房自有率	自有厂房面积占厂房总面积的比例。
			1004		租赁起始日期	租赁的起始年月日，采用YYYYMMDD的日期形式。
			1005		租赁截止日期	租赁的截止年月日，采用YYYYMMDD的日期形式。
			1006		厂房总面积	厂区的总面积。
			1007		封闭厂房总面积	设有屋顶，建筑外围护结构全部采用封闭式墙体（含门、窗）构造的生产性（储存性）建筑物的总面积。
		02			主要生产设备	反映企业拥有的关键生产设备的统称。
			1001		生产设备	在生产过程中为生产工人操纵的，直接改变原材料属性、性能、形态或增强外观价值所必需的劳动资料或器物。
			1002		设备类别	将设备按照不同种类进行区别归类。
			1003		设备名称	一种设备的专用称呼。
				001	绕线机	绕制电机、变压器等线圈的机器。

表（续）

项目编码					项目名称	说明
物资专用信息标识代码	模块代码	表代码	字段代码	字段值代码		
				002	线圈干燥系统（炉）	对线圈进行干燥处理的系统（炉）。
				003	真空浇注设备	在真空状态下，对电机、电抗器、变压器、互感器等的线圈浇注环氧树脂的成套设备。
				004	真空滤油机装置/真空注油设备	在真空状态下进行脱水、脱气，并进行净化处理的机器/在真空条件下对变压器进行注油的专用设备。
				005	铁心横剪线	按照一定长度及片形剪切硅钢片的成套设备。
				006	铁心叠装台	供变压器铁心叠装，并使铁心翻转起立的设备。
				007	母排加工机	主要用于各种高、低压输配电成套电气以及电力变压器等铜、铝排母线工艺。
				008	折弯机	用于对铜、铝排进行折弯。
				009	冲床	一台冲压式压力机。通过模具，能做出落料、冲孔、成型、拉深、修整、精冲、整形、铆接及挤压件等。
				010	剪板机	用一个刀片相对另一刀片做往复直线运动剪切板材的机器。借于运动的上刀片和固定的下刀片，采用合理的刀片间隙，对各种厚度的金属板材施加剪切力，使板材按所需要的尺寸断裂分离。
				011	切割机	用于切割材料。
				012	起重设备	用吊钩或其他取物装置吊装重物，在空间进行升降与运移等循环性作业的机械。
				013	焊机	指为焊接提供一定特性的电源的电器。
				014	喷涂设备	用于硅钢片或铁心片涂绝缘漆并烘干的设备。
				999	其他类别设备	其他类别设备。
			1004		设备型号	便于使用、制造、设计等部门进行业务联系和简化技术文件中产品名称、规格、型式等叙述而引用的一种代号。
			1005		数量	设备的数量。

表（续）

项目编码					项目名称	说明
物资专用信息标识代码	模块代码	表代码	字段代码	字段值代码		
			1006		主要技术参数项	对生产设备的主要技术性能指标项目进行描述。
				001	最大载重	绕线机能安全使用所允许的最大载荷。
				002	浇注罐直径	浇筑罐的直径。
				003	公称流量	真空净油机允许长期使用的流量。
				004	最大剪切宽度	最大剪切面的宽度。
				005	公称压力	指管材在二级温度（20℃）时输水的工作压力。
				006	冲床吨位数	冲床能冲压多少吨位的值。
				007	最大剪板厚度	加下钢板的厚度的最大值。
				008	吨位数	冲床的吨位。
				009	工位数	工位的数量。
			1007		设备制造商	制造设备的生产厂商，不是代理商或贸易商。
			1008		设备国产/进口	在国内/国外生产的设备。
				001	国产	在本国生产的生产设备。
				002	进口	向非本国居民购买生产或消费所需的原材料、产品、服务。
			1009		设备单价	单台设备购买的完税后价格。
			1010		设备购买合同及发票扫描件	用扫描仪将设备购买合同及发票原件扫描得到的电子文件。
					备注	额外的说明。
		03	1011		**生产工艺控制**	反映生产工艺控制过程中一些关键要素的统称。
			1001		适用的产品类别	指将产品进行归类。
				001	欧式箱式变电站	预装的并经过型式试验的成套设备。
				002	美式箱式变电站	将变压器器身、负荷开关、熔断器等在油箱中进行组合的变压器。
			1002		主要工序名称	对产品的质量、性能、功能、生产效率等有重要影响的工序。

表（续）

项目编码					项目名称	说明
物资专用信息标识代码	模块代码	表代码	字段代码	字段值代码		
				001	原材料/组部件检验	对原材料/组部件检验是否满足要求。
				002	板材加工	对板材进行加工。
				003	母线加工	对母线进行加工。
				004	油箱体焊接	将变压器的油箱体进行焊接。
				005	油箱体喷涂	对油箱体进行喷漆。
				006	灌油密封	对变压器油箱里灌油并且密封。
				007	低压断路器装配	将低压断路器的零件按规定的技术要求组装起来，并经过调试、检验使之成为合格的产品。
				008	一次总装	将一次线路的零件按规定组装起来。
				009	二次接线装配	将二次线路的接线按规定连接，并经过调试、检验使之成为合格的产品。
				010	出厂试验	进行出厂试验。
				011	包装发货	在对产品进行包装后发货。
				012	柜体焊接	对箱变柜体进行焊接。
				013	柜体喷涂	对箱变柜体进行喷漆。
				014	柜体装配	将柜体的零件按规定的技术要求组装起来，并经过调试、检验使之成为合格的产品。
				015	断路器装配	将断路器的零件按规定的技术要求组装起来，并经过调试、检验使之成为合格的产品。
			1003		工艺文件名称	主要描述如何通过过程控制，实现完成最终的产品的操作文件的名称。
			1004		是否具有相应记录	是否将一套工艺的整个流程用一定的方式记录下来。
			1005		整体执行情况	按照工艺要求，对范围、成本、检测、质量等方面实施情况的体现。
				001	良好	生产工艺整体执行良好。
				002	一般	生产工艺整体执行一般。
				003	较差	生产工艺整体执行较差。

110

表（续）

项目编码					项目名称	说明
物资专用信息标识代码	模块代码	表代码	字段代码	字段值代码		
			1006		工艺文件扫描件	用扫描仪将工艺文件扫描得到的电子文件。
			1007		备注	额外的说明。
		04			**关键岗位持证人员一览表**	反映关键岗位持证人员特征情况的列表。
			1001		姓名	在户籍管理部门正式登记注册、人事档案中正式记载的姓氏名称。
			1002		身份证号码	企业联系人身份证件上记载的、可唯一标识个人身份的号码。
			1003		是否有高压试验证书	是否具备高压试验证书

附　录　D
（规范性附录）
试　验　检　测

项目编码					项目名称	说明
物资专用信息标识代码	模块代码	表代码	字段代码	字段值代码		
略	F				**试验检测**	用规范的方法检验测试某种物体指定的技术性能指标。
		01			**试验检测设备一览表**	反映试验检测设备属性情况的列表。
			1001		试验检测设备	一种产品或材料在投入使用前，对其质量或性能按设计要求进行验证的仪器。
			1002		设备类别	将设备按照不同种类进行区别归类。
			1003		试验项目名称	为了了解产品性能而进行的试验项目的称谓。
				001	主回路的绝缘试验	变电站内包括全部导电部件用于传送电能的回路进行短时工频电压干试验。
				002	辅助和控制回路的绝缘试验	安装在或邻近于开关设备和控制设备的控制和辅助回路，包括中央控制柜中的回路；监控、诊断等用的设备和互感器的二次端子连接的回路，应该承受短时工频电压耐受试验。
				003	接线正确性检查	验证接线与设计图是否相符。
				004	设计和外观检查	在不解体的情况下对开关设备和控制设备的主要特性进行的检视，以证明其符合买方的技术条件。
				005	接地连续性试验	测量产品接地线与外壳之间的接触电阻。
				006	功能试验	证明能在预装式变电站上完成所有需要的交接、运行和维护工作。
				007	机械操作试验	主回路和接地回路中所装的开关装置在规定的操作条件下的机械特性应符合开关装置各自技术条件的要求。
				008	油箱密封试验	检测油箱和充油组部件本体及装配部位的密封性能。

表（续）

项目编码					项目名称	说明
物资专用信息标识代码	模块代码	表代码	字段代码	字段值代码		
				009	直流电阻不平衡率测量	以三相电阻的最大值与最小值之差为分子、三相电阻的平均值为分母进行计算的测量。
				010	电压比测量和联结组标号检定	对一个绕组的额定电压与另一个具有较低或相等额定电压绕组的额定电压之比的测量；对用一组字母及钟时序数来表示变压器高压、中压（如果有）和低压绕组的联结方式以及中压、低压绕组对高压绕组相对相位移的通用标号的检定。
				011	绕组对地绝缘电阻的测量	在规定条件下，用绝缘材料隔开的两个导电元件之间的电阻。
				012	外施耐压试验	用来验证线端和中性点端子以及和它所连接的绕组对地及对其他绕组的交流电压耐受强度，试验电压施加在绕组所有的端子上，包括中性点端子。
				013	感应耐压试验	用来验证线端和它所连接的绕组对地及对其他绕组的交流耐受强度，同时也验证相间和被试绕组纵绝缘的交流电压耐受强度。
				014	短路阻抗和负载损耗测量	对在一对绕组中，当额定电流（分接电流）流经一个绕组的线路端子，且另一绕组短路时在额定频率及参考温度下所吸取的有功功率的测量；对一对绕组中某一绕组端子间的在额定功率及参考温度下的等值串联阻抗的测量 $Z=R+jX$，单位为欧姆。
				015	空载电流和空载损耗测量	对当额定频率下的额定电压（分接电压）施加到一个绕组的端子上，其他绕组开路时所吸取的有功功率的测量；对当额定频率下的额定电压（分接电压）施加到一个绕组的端子上，其他绕组开路时流经该绕组线路端子的电流方均根值的测量。
				016	绝缘油试验（包括油耐压试验、油介损试验）	验证绝缘油耐压性能和介质损耗的试验。
			1004		设备名称	一种设备的专用称呼。

表（续）

项目编码					项目名称	说明
物资专用信息标识代码	模块代码	表代码	字段代码	字段值代码		
				001	试验变压器	供各种电气设备和绝缘材料做电气绝缘性能试验用的变压器。
				002	二次回路工频耐压设备	用于对各种电气设备、绝缘材料和绝缘结构等的绝缘（介电）强度进行检测和试验的仪器。
				003	油耐压测试仪	测量绝缘油介电强度参数的专用测试仪器。
				004	直流电阻测试仪	采用四端钮伏安测量原理，能直接显示直流电阻值的一种仪器。
				005	绝缘电阻测试仪	由交流电网或电池供电，通过电子电路进行信号变换和处理，对电气设备、绝缘材料和绝缘结构等的绝缘性能进行检测和试验的仪器绝缘电阻测试仪。按其指示装置分为模拟式（指针式）和数字式两种。
				006	变比测试仪	用于变压比测试仪器。
				007	功率分析仪	用于测量功率的仪器。
				008	中频发电机组或变频电源	由三相交流供电，由工频鼠笼电机驱动同轴中频发动机，对外提供100Hz、125Hz、150Hz、200Hz，电压0～800V 的三相交流电源/变频电源，是将市电中的交流电经过 AC-DC-AC 变换，输出为纯净的正弦波，输出频率和电压在一定范围内可调。
				009	调压器	在规定条件下，输出电压可在一定范围内连续、平滑、无级调节的特殊变压器。
				010	绝缘油介损测试仪	用于测量变压器油介质损耗的试验仪器，通常由电源、测量系统、电极杯、温控装置等组成。
				011	压力表	指以弹性元件为敏感元件，测量并指示高于环境压力的仪表。
				012	电流互感器	在正常使用条件下，其二次电流与一次电流实质上成正比，且其相位差在连接方法正确时接近于零的互感器。
				013	接地电阻测试仪	用于接地电阻测试。

表（续）

项目编码					项目名称	说明
物资专用信息标识代码	模块代码	表代码	字段代码	字段值代码		
				014	TA 特性测试装置	一种专门为测试电流互感器伏安特性、变比、极性、误差曲线、计算拐点和二次侧回路检查等设计的多功能现场试验设备。
			1005		设备型号	便于使用、制造、设计等部门进行业务联系和简化技术文件中产品名称、规格、型式等叙述而引用的一种代号。
			1006		数量	设备的数量。
			1007		主要技术参数项	描述设备的主要技术要求的数值。
				001	最高输出电压	设备输出的最高电压。
				002	最大测量电流	能测量的电流的最大值。
				003	最大量程	能测量的物理量的最大值。
				004	通道数	每一台设备有多少通道的数量。
				005	额定容量	额定容量是指铭牌上所标明的电机或电器在额定工作条件下能长期持续工作的容量。
				006	精度	精度是表示观测值与真值的接近程度。
			1008		主要技术参数值	描述设备的主要技术要求的数值。
			1009		是否具有有效的检定证书	是否具备由法定计量检定机构对仪器设备出具的证书。
			1010		设备制造商	制造设备的生产厂商，不是代理商或贸易商。
			1011		设备国产/进口	在国内/国外生产的设备。
				001	国产	在本国生产的生产设备。
				002	进口	向非本国居民购买生产或消费所需的原材料、产品、服务。
			1012		设备单价	购置单台生产设备的完税后价格。
			1013		设备购买合同及发票扫描件	用扫描仪将设备购买合同及发票原件扫描得到的电子文件。
			1014		备注	额外的说明。

表（续）

项目编码					项目名称	说明
物资专用信息标识代码	模块代码	表代码	字段代码	字段值代码		
		02			**试验检测人员一览表**	反映试验检测人员情况的列表。
			1001		姓名	在户籍管理部门正式登记注册、人事档案中正式记载的姓氏名称。
			1002		资质证书名称	表明劳动者具有从事某一职业所必备的学识和技能的证书的名称。
			1003		资质证书编号	资质证书的编号或号码。
			1004		资质证书出具机构	资质评定机关的中文全称。
			1005		资质证书出具时间	资质评定机关核发资质证书的年月日，采用 YYYYMMDD 的日期形式。
			1006		有效期至	资质证书登记的有效期的终止日期，采用 YYYYMMDD 的日期形式。
			1007		资质证书扫描件	用扫描仪将资质证书正本扫描得到的电子文件。
		03			**现场抽样检测记录表**	反映现场抽样检测记录情况的列表。
			1001		适用的产品类别	实际抽样的产品类别可用来代表该类产品的试验。
			1002		现场抽样检测时间	现场随机抽取产品进行试验检测的具体年月日。
			1003		产品类别	将产品进行归类。
			1004		抽样检测产品型号	便于使用、制造、设计等部门进行业务联系和简化技术文件中产品名称、规格、型式等叙述而引用的一种代号。
			1005		抽样检测产品编号	同一类型产品生产出来后给定的用来识别某类型产品中的每一个产品的一组代码，由数字和字母或其他代码组成。
			1006		抽样检测项目	从欲检测的全部样品中抽取一部分样品单位进行检测的项目。
				001	主回路的绝缘试验	变电站内包括全部导电部件用于传送电能的回路进行短时工频电压干试验。

116

表（续）

项目编码					项目名称	说明
物资专用信息标识代码	模块代码	表代码	字段代码	字段值代码		
				002	辅助和控制回路的绝缘试验	安装在或邻近于开关设备和控制设备的控制和辅助回路，包括中央控制柜中的回路，监控、诊断等用的设备和互感器的二次端子连接的回路，应该承受短时工频电压耐受试验。
				003	接线正确性检查	验证接线与设计图是否相符。
				004	设计和外观检查	在不解体的情况下对开关设备和控制设备的主要特性进行的检视，以证明其符合买方的技术条件。
				005	接地连续性试验	测量产品接地线与外壳之间的接触电阻。
				006	功能试验	证明能在预装式变电站上完成所有需要的交接、运行和维护工作。
				007	机械操作试验	主回路和接地回路中所装的开关装置在规定的操作条件下的机械特性应符合开关装置各自技术条件的要求。
				008	油箱密封试验	检测油箱和充油组部件本体及装配部位的密封性能。
				009	直流电阻不平衡率测量	以三相电阻的最大值与最小值之差为分子、三相电阻的平均值为分母进行计算。
				010	电压比测量和联结组标号检定	电压比测量和联结组标号检定。电压比指一个绕组的额定电压与另一个具有较低或相等额定电压绕组的额定电压之比。联结组标号指用一组字母及钟时序数来表示变压器高压、中压（如果有）和低压绕组的联结方式以及中压、低压绕组对高压绕组相对相位移的通用标号。
				011	绕组对地绝缘电阻的测量	在规定条件下，用绝缘材料隔开的两个导电元件之间的电阻。
				012	外施耐压试验	用来验证线端和中性点端子以及和它所连接的绕组对地及对其他绕组的交流电压耐受强度，试验电压施加在绕组所有的端子上，包括中性点端子。
				013	感应耐压试验	用来验证线端和它所连接的绕组对地及对其他绕组的交流耐受强度，同时也验证相间和被试绕组纵绝缘的交流电压耐受强度。

表（续）

项目编码					项目名称	说明
物资专用信息标识代码	模块代码	表代码	字段代码	字段值代码		
				014	短路阻抗和负载损耗测量	对在一对绕组中，当额定电流（分接电流）流经一个绕组的线路端子，且另一绕组短路时在额定频率及参考温度下所吸取的有功功率的测量；对一对绕组中某一绕组端子间的在额定功率及参考温度下的等值串联阻抗的测量，$Z=R+jX$，单位为欧姆。
				015	空载电流和空载损耗测量	对当额定频率下的额定电压（分接电压）施加到一个绕组的端子上，其他绕组开路时所吸取的有功功率的测量；对当额定频率下的额定电压（分接电压）施加到一个绕组的端子上，其他绕组开路时流经该绕组线路端子的电流方均根值的测量。
				016	绝缘油试验（包括油耐压试验、油介损试验）	验证绝缘油耐压性能和介质损耗的试验。
			1007		抽样检测结果	对抽取样品检测项目的结论/结果。
			1008		备注	额外的说明

附 录 E
（规范性附录）
原 材 料/组 部 件

项目编码					项目名称	说明
物资专用信息标识代码	模块代码	表代码	字段代码	字段值代码		
略	G				**原材料/组部件**	原材料指生产某种产品所需的基本原料；组部件指某种产品的组成部件。
		01			**原材料/组部件一览表**	反映原材料或组部件情况的列表。
			1001		原材料/组部件名称	生产某种产品的基本原料的名称。机械的一部分，由若干装配在一起的零件所组成，此处指产品的组成部件的名称。
				001	铁心—硅钢片	一种含碳极低的硅铁软磁合金，一般含硅量为 0.5%～4.5%，加入硅可提高铁的电阻率和最大磁导率，降低矫顽力、铁心损耗（铁损）和磁时效，主要用来制作各种变压器、电动机和发电机的铁心。
				002	电磁线	构成与变压器、电抗器或调压器标注的某一电压值相对的电气线路的一组线匝。
				003	绝缘油	具有良好的介电性能，适用于电气设备的油品。
				004	套管	由导电杆和套形绝缘件组成的一种组件用它使其内的导体穿过如墙壁或油箱一类的结构件，并构成导体与此结构件之间的电气绝缘。
				005	储油柜	为适应油箱内变压器油体积变化而设立的一个与变压器油箱相通的容器。
				006	冷却器或散热器	指通过一定的方法将运行中的变压器所产生的热量散发出去的装置。
				007	分接开关（套）	Ⅰ类分接开关适用于绕组中性点处的分接开关；Ⅱ类分接开关适用于绕组中性点以外的其他位置处的分接开关。
				008	铁心—非晶合金	由超急冷凝固，合金凝固时原子来不及有序排列结晶，得到的固态合金是长程无序结构，没有晶态合金的晶粒、晶界存在。
				009	箱体板材	锻造、轧制或铸造箱体的金属板。

表（续）

项目编码					项目名称	说明
物资专用信息标识代码	模块代码	表代码	字段代码	字段值代码		
				010	母线	多个设备以并列分支的形式接在其上的一条共用的通路。在电力系统中，母线将配电装置中的各个载流分支回路连接在一起，起着汇集、分配和传送电能的作用。
				011	断路器	指能够关合、承载和开断正常回路条件下的电流，并能关合、在规定的时间内承载和开断异常回路条件下的电流的开关装置。
				012	隔离开关	在分闸位置时,触头间有符合规定要求的绝缘距离和明显的断开标志;在合闸位置时,能承受正常回路条件下的电流及在规定时间内异常条件（例如短路）下的电流的开关装置。
				013	接地开关	用于将回路接地的一种机械开关装置。在异常条件（如短路）下,可在规定时间内承载规定的异常电流;但在正常回路条件下，不要求承载电流。
				014	电压互感器	在正常使用条件下,其二次电压与一次电压实质上成正比,且其相位差在连接方法正确时接近于零的互感器。
				015	电流互感器	在正常使用条件下,其二次电流与一次电流实质上成正比,且其相位差在连接方法正确时接近于零的互感器。
				016	无功补偿设备	在电力供电系统中起提高电网的功率因数的作用,降低供电变压器及输送线路的损耗，提高供电效率，改善供电环境。
				999	其他	其他的原材料/组部件。
			1002		原材料/组部件规格型号	反应原材料/组部件的性质、性能、品质等一系列的指标,一般由一组字母和数字以一定的规律编号组成如品牌、等级、成分、含量、纯度、大小（尺寸、重量）等。
			1003		原材料/组部件制造商名称	所使用的原材料/组部件的制造商的名称。
			1004		原材料/组部件国产/进口	所使用的原材料/组部件是国产或进口。

表（续）

项目编码					项目名称	说明
物资专用信息标识代码	模块代码	表代码	字段代码	字段值代码		
				001	国产	本国（中国）生产的原材料或组部件。
				002	进口	向非本国居民购买生产或消费所需的原材料、产品、服务。
			1005		检测方式	为确定某一物质的性质、特征、组成等而进行的试验，或根据一定的要求和标准来检查试验对象品质的优良程度的方式。
				001	本厂全检	由本厂实施，根据某种标准对被检查产品进行全部检查。
				002	本厂抽检	由本厂实施，从一批产品中按照一定规则随机抽取少量产品（样本）进行检验，据以判断该批产品是否合格的统计方法。
				003	委外全检	委托给其他具有相关资质的单位实施，根据某种标准对被检查产品进行全部检查。
				004	委外抽检	委托给其他具有相关资质的单位实施，从一批产品中按照一定规则随机抽取少量产品（样本）进行检验，据以判断该批产品是否合格的统计方法和理论。
				005	不检	不用检查或没有检查

附　录　F
（规范性附录）
产　品　产　能

项目编码					项目名称	说明
物资专用信息标识代码	模块代码	表代码	字段代码	字段值代码		
略	I				**产品产能**	在计划期内，企业参与生产的全部固定资产，在既定的组织技术条件下所能生产的产品数量。
		01			**生产能力表**	反映企业生产能力情况的列表。
			1001		产品类型	将产品按照一定规则归类后，该类产品对应的类别

交流电流互感器供应商专用信息

目　次

交流电流互感器供应商专用信息

1 范围

本部分规定了交流电流互感器类物资供应商的报告证书、研发设计、生产制造、试验检测、原材料/组部件和产品产能等专用信息数据规范。

本部分适用于国家电网有限公司供应商资质能力信息核实工作，以及涉及供应商数据的相关应用。

本部分适用的交流电流互感器类物料及其物料组编码见附录 A。

2 规范性引用文件

下列文件对于本文件的应用是必不可少的。凡是注日期的引用文件，仅注日期的版本适用于本文件。凡是不注日期的引用文件，其最新版本（包括所有的修改单）适用于本文件。

GB/T 311.1—2012　绝缘配合　第 1 部分：定义、原则和规则

GB/T 1094.3—2017　电力变压器　第 3 部分：绝缘水平、绝缘试验和外绝缘空气间隙

GB/T 2900.1—2008　电工术语　基本术语

GB/T 2900.5—2002　电工术语　绝缘固体、液体和气体

GB/T 2900.39—2009　电工术语　电机、变压器专用设备

GB/T 2900.94—2015　电工术语　互感器

GB/T 2900.95—2015　电工术语　变压器、调压器和电抗器

GB/T 4208—2008　外壳防护等级（IP 代码）

GB/T 4831—2016　旋转电机产品型号编制方法

GB/T 15416—2014　科技报告编号规则

GB/T 16927.1—2011　高电压试验技术　第 1 部分：一般定义及试验要求

GB/T 20138—2006　电器设备外壳对外界机械碰撞的防护等级（IK 代码）

GB/T 20840.1—2010　互感器　第 1 部分：通用技术要求

GB/T 20840.2—2014　互感器　第 2 部分：电流互感器的补充技术要求

GB/T 22079—2008　标称电压高于 1000V 使用的户内和户外聚合物绝缘子　一般定义、试验方法和接受准则

GB/T 36104—2018　法人和其他组织统一社会信用代码数据元

JB/T 11054—2010　变压器专用设备　变压法真空干燥设备

JB/T 11055—2010　变压器专用设备　环氧树脂真空浇注设备

JB/T 12011—2014　高压互感器真空干燥注油设备

DL/T 662—2009　六氟化硫气体回收装置技术条件

DL/T 703—2015　绝缘油中含气量的气相色谱测定法

DL/T 846.4—2016　高电压测试设备通用技术条件　第 4 部分：脉冲电流法局部放电测量仪

DL/T 846.5—2004　高电压测试设备通用技术条件　第 5 部分：六氟化硫微量水分仪

DL/T 846.6—2004　高电压测试设备通用技术条件　第 6 部分：六氟化硫气体检漏仪

DL/T 846.7—2016　高电压测试设备通用技术条件　第 7 部分：绝缘油介电强度测试仪

DL/T 848.5—2004　高压试验装置通用技术条件　第 5 部分：冲击电压发生器

DL/T 962—2005　高压介质损耗测试仪通用技术条件

DL/T 1305—2013　变压器油介损测试仪通用技术条件

3　术语和定义

下列术语和定义适用于本文件。

3.1

报告证书　report certificate

具有相应资质、权力的机构或机关等发的证明资格或权力的文件。

3.2

研发设计　research and development design

将需求转换为产品、过程或体系规定的特性或规范的一组过程。

3.3

生产制造　production-manufacturing

生产企业整合相关的生产资源，按预定目标进行系统性的从前端概念设计到产品实现的物化过程。

3.4

试验检测　test verification

用规范的方法检验测试某种物体指定的技术性能指标。

3.5

原材料/组部件　raw material and components

指生产某种产品所需的基本原料或组成部件。

3.6

产品产能　product capacity

在计划期内，企业参与生产的全部固定资产，在既定的组织技术条件下，所能生产的产品数量。

4 符号和缩略语

下列符号和缩略语适用于本文件。

4.1 符号

K：温度单位。

kV：电压单位。

E_k：电势单位。

m^2：面积单位。

℃：温度单位。

$\tan\delta$：介质损耗因数。

pF：电容单位。

Ω：电阻单位。

L/min：流量单位。

m^3/h：流量单位。

m^3：体积单位。

4.2 缩略语

EMC：电磁兼容性。

5 报告证书

报告证书包括检测报告数据表，报告证书见附录 B。

5.1 检测报告数据表

检测报告数据表包括物料描述、产品型号、报告编号、检验类型、委托单位、产品制造单位、报告出具机构、报告出具日期、检测报告有效期至、报告扫描件、最大电流比、二次绕组数、温升试验、一次端冲击耐压试验、一次端冲击耐压试验—操作冲击、户外型互感器的湿试验、电磁兼容（EMC）试验、准确度试验（型式试验）、外壳防护等级的检验（IP 代码的检验）、外壳防护等级的检验（机械冲击试验 IK 代码）、环境温度下密封性能试验（适用于气体绝缘产品）、压力试验（适用于气体绝缘产品）（型式试验）、短时电流试验、气体露点测量（适用于气体绝缘产品）、一次端工频耐压试验、局部放电测量、电容量和介质损耗因数测量、段间工频耐压试验、二次端工频耐压试验、准确度试验（例行试验）、标志的检验、环境温度下密封性能试验、压力试验（适用于气体绝缘产品，例行试验）、二次绕组电阻（R_{ct}）测定、二次回路时间常数（T_s）测定、额定拐点电势（E_k）和 E_k 下励磁电流的试验、匝间过电压试验、绝缘油性能试验、一次端截断雷电冲击耐压试验（特殊试验）、一次端多次截波冲击试验（特殊试验）、传递过电压试验（特殊试验）、机械强度试验（特殊试验）、低温和高温下的密封性能试验（适用于气体绝缘产品，特殊试验）、绝缘热稳定试验（特殊试验）、剩磁系数测定（抽样试验）、测量用电流互感器的仪表保安系数（FS）测定（抽样试验）。

6 研发设计

研发设计包括设计软件一览表，研发设计信息见附录C。

6.1 设计软件一览表

设计软件一览表包括设计软件类别。

7 生产制造

生产制造主要包括生产厂房、主要生产设备、生产工艺控制，生产制造信息见附录D。

7.1 生产厂房

生产厂房包括生产厂房所在地、厂房权属情况、厂房自有率、租赁起始日期、租赁截止日期、厂房总面积、封闭厂房总面积、是否含净化车间、净化车间总面积、净化车间洁净度、净化车间平均温度、净化车间平均相对湿度、净化车间洁净度检测报告扫描件。

7.2 主要生产设备

主要生产设备包括生产设备、设备类别、设备名称、设备型号、数量、主要技术参数项、主要技术参数值、设备制造商、设备国产/进口、设备单价、设备购买合同及发票扫描件。

7.3 生产工艺控制

生产工艺控制包括适用的产品类别、主要工序名称、工艺文件名称、是否具有相应记录、整体执行情况、工艺文件扫描件。

8 试验检测

试验检测包括试验检测设备一览表、试验检测人员一览表、现场抽样检测记录表，试验检测信息见附录E。

8.1 试验检测设备一览表

试验检测设备一览表包括试验检测设备、设备类别、试验项目名称、设备名称、设备型号、数量、主要技术参数项、主要技术参数值、是否具有有效的检定证书、设备制造商、设备国产/进口、设备单价、设备购买合同及发票扫描件。

8.2 试验检测人员一览表

试验检测人员一览表包括姓名、资质证书名称、资质证书编号、资质证书出具机构、资质证书出具时间、有效期至、资质证书扫描件。

8.3 现场抽样检测记录表

现场抽样检测记录表包括适用的产品类别、现场抽样检测时间、产品类别、抽样检测产品型号、抽样检测产品编号、抽样检测项目、抽样检测结果。

9 原材料/组部件

原材料/组部件包括原材料/组部件一览表，原材料/组部件信息见附录 F。

9.1 原材料/组部件一览表

原材料/组部件一览表包括原材料/组部件名称、原材料/组部件规格型号、原材料/组部件制造商名称、原材料/组部件国产/进口、检测方式。

10 产品产能

产品产能包括生产能力表，产品产能信息见附录 G。

10.1 生产能力表

生产能力表包括产品类型、瓶颈工序名称。

附　录　A
（规范性附录）
适用的物资及物资专用信息标识代码

物资类别	物料所属大类	物资所属中类	物资名称	物资专用信息标识代码
交流电流互感器	一次设备	电流互感器	电磁式电流互感器	G1003001
交流电流互感器	一次设备	电流互感器	电子式电流互感器	G1003002

附 录 B
（规范性附录）
报 告 证 书

项目编码					项目名称	说明
物资专用信息标识代码	模块代码	表代码	字段代码	字段值代码		
略	C				**报告证书**	具有相应资质、权力的机构或机关等发的证明资格或权力的文件。
		01			**检测报告数据表**	反映检测报告数据内容情况的列表。
			1001		物料描述	以简短的文字、符号或数字、号码来代表物料、品名、规格或类别及其他有关事项。
			1002		产品型号	便于使用、制造、设计等部门进行业务联系和简化技术文件中产品名称、规格、型式等叙述而引用的一种代号。
			1003		报告编号	采用字母、数字混合字符组成的用以标识检测报告的完整的、格式化的一组代码，是检测报告上标注的报告唯一性标识。
			1004		检验类型	对不同检验方式进行区别分类。
				001	送检	产品送到第三方检测机构进行检验的类型。
				002	委托监试	委托第三方检测机构提供试验仪器试验人员到现场对产品进行检验的类型。
			1005		委托单位	委托检测活动的单位。
			1006		产品制造单位	检测报告中送检样品的生产制造单位。
			1007		报告出具机构	应申请检验人的要求，对产品进行检验后所出具书面证明的检验机构。
			1008		报告出具日期	企业检测报告出具的年月日，采用YYYYMMDD的日期形式。
			1009		检测报告有效期至	认证证书有效期的截止年月日，采用YYYYMMDD的日期形式。
			1010		报告扫描件	用扫描仪将检测报告正本扫描得到的电子文件。
			1011		最大电流比	一次电流与二次电流之比最大值。
			1012		二次绕组数	不通过被变换电流（电流互感器）或不被施加被变换电压（电压互感器）的绕组的数量。

表（续）

项目编码					项目名称	说明
物资专用信息标识代码	模块代码	表代码	字段代码	字段值代码		
				001	1	二次绕组数为1。
				002	2	二次绕组数为2。
				003	3	二次绕组数为3。
				004	4	二次绕组数为4。
				005	5	二次绕组数为5。
				006	6	二次绕组数为6。
				007	7	二次绕组数为7。
				008	8	二次绕组数为8。
				009	＞8	二次绕组数大于8。
			1013		温升试验	在规定运行条件下，确定产品的一个或多个部分的平均温度与外部冷却介质温度之差的试验。
			1014		一次端冲击耐压试验	用来验证设备在运行过程中耐受瞬态快速上升型冲击电压的能力。
			1015		一次端冲击耐压试验—操作冲击	用来验证设备在运行过程中耐受与开关操作相关的典型的上升时间缓慢瞬态电压的能力。
			1016		户外型互感器的湿试验	模拟自然雨对外绝缘的影响的试验。
			1017		电磁兼容（EMC）试验	一种性能试验，表示一台设备或一个系统在它的电磁环境下能满意地运行，且不对该环境中的任何物件产生过量的电磁骚扰的试验。
			1018		准确度试验（型式试验）	指在一定实验条件下多次测定的平均值与真值相符合的程度，以误差来表示的试验。
				001	准确度试验（型式试验）测量级绕组比值差和相位差	比值差是指实际变比和额定变比不相等所引入的误差。相位差是指一次电压相量或电流相量与二次电压相量或电流相量的相位之差，相量方向是按理想互感器的相位差为零来选定的。
				002	0.2S	测量用电流互感器的准确级是以该准确级在额定一次电流和额定负荷下最大允许比值差的百分数来标称的。

表（续）

项目编码					项目名称	说明
物资专用信息标识代码	模块代码	表代码	字段代码	字段值代码		
				003	0.2	测量用电流互感器的准确级是以该准确级在额定一次电流和额定负荷下最大允许比值差的百分数来标称的。
				004	0.5S	测量用电流互感器的准确级是以该准确级在额定一次电流和额定负荷下最大允许比值差的百分数来标称的。
				005	0.5	测量用电流互感器的准确级是以该准确级在额定一次电流和额定负荷下最大允许比值差的百分数来标称的。
				006	＞0.5	测量用电流互感器的准确级是以该准确级在额定一次电流和额定负荷下最大允许比值差的百分数来标称的。
				007	准确度试验（型式试验）保护级绕组比值差和相位差	保护用电流互感器的比值差是指实际变比和额定变比不相等所引入的误差。保护用电流互感器的相位差是指一次电压相量或电流相量与二次电压相量或电流相量的相位之差，相量方向是按理想互感器的相位差为零来选定的。
				008	5P	保护用电流互感器的准确级是以最大允许复合误差的百分数来标称的，后标以字母"P"（表示"保护"）和ALF值。
				009	10P	保护用电流互感器的准确级是以最大允许复合误差的百分数来标称的，后标以字母"P"（表示"保护"）和ALF值。
				010	TPY	具有剩磁通限值的保护用电流互感器，以峰值瞬时误差在暂态短路电流条件及规定工作循环下规定其饱和特性。
				011	准确度试验（型式试验）测量级绕组仪表保安系数	额定仪表限值一次电流与额定一次电流的比值。
				012	FS5	仪表保安系数标准值。
				013	FS10	仪表保安系数标准值。
				014	准确度试验（型式试验）保护级绕组复合误差	在稳态下，当电流互感器一次和二次电流的正符号与接线端子标志的规定一致时，下列两个值之差的方均根值：a）一次电流瞬时值；b）二次电流瞬时值与额定变比的乘积。该值除以相应一次电流方均值即为复合误差。

表（续）

项目编码					项目名称	说明
物资专用信息标识代码	模块代码	表代码	字段代码	字段值代码		
				015	5 倍	复合误差为 5 倍。
				016	10 倍	复合误差为 10 倍。
				017	15 倍	复合误差为 15 倍。
				018	20 倍	复合误差为 20 倍。
				019	25 倍	复合误差为 25 倍。
				020	30 倍	复合误差为 30 倍。
				021	30 倍以上	复合误差为 30 倍以上。
				022	准确度试验（型式试验）保护级绕组暂态误差	暂态误差包括峰值瞬时误差（对 TPX 和 TPY 级）和峰值交流分量误差（对 TPZ 级）。峰值瞬时误差是在规定工作循环中的瞬时误差电流的峰值（极大值），表示额定一次短路电流峰值的百分数。峰值交流分量误差是瞬时误差电流的交流分量峰值，表示为额定一次短路电流峰值的百分数。
			1019		外壳防护等级的检验（IP 代码的检验）	按标准规定的检验方法，外壳对接近危险部件、防止固体异物进入或水进入所提供的保护程度。
			1020		外壳防护等级的检验（机械冲击试验 IK 代码）	外壳对设备提供的因外界机械碰撞而不使设备受到有害影响的防护（等级），并采用标准的试验方法得到验证。
			1021		环境温度下密封性能试验（适用于气体绝缘产品）	在环境温度（20℃±10℃）下验证完整互感器各气室的相对泄漏率不超过规定允许值。
			1022		压力试验（适用于气体绝缘产品）（型式试验）	通过观察承压部件有无明显变形或破裂，来验证压力容器是否具有设计压力下安全运行所必需的承压能力。
			1023		短时电流试验	验证设备额定短时热电流和额定动稳定电流是否符合规定要求。
				001	短时电流试验—额定短时热电流（kA）	在二次绕组短路的情况下，电流互感器能在规定的短时间内无损伤承受的最大一次电流方均根值。
				002	短时电流试验—短时热电流规定持续时间（s）	短时电流试验中额定短时热电流规定的持续时间。

表（续）

项目编码					项目名称	说明
物资专用信息标识代码	模块代码	表代码	字段代码	字段值代码		
				003	短时电流试验—额定动稳定电流（kA）	在二次绕组短路的情况下，电流互感器能承受其电磁力作用而无电气或机械损伤的最大一次电流峰值。
			1024		气体露点测量（适用于气体绝缘产品）	在标准条件下，绝缘气体中水蒸气开始沉积为液体或雾状时的温度。
			1025		一次端工频耐压试验	一次端的交流工频电压耐受强度。
			1026		局部放电测量	对导体间绝缘介质内部所发生的局部击穿的一种放电的测量。
			1027		电容量和介质损耗因数测量	电荷储藏量测量；受正弦电压作用的绝缘结构或绝缘材料所吸收的有功功率值与无功功率绝对值之比测量。
				001	电容量和介质损耗因数测量—电容量	电荷储藏量。
				002	电容量和介质损耗因数测量—$\tan\delta$	受正弦电压作用的绝缘结构或绝缘材料所吸收的有功功率值与无功功率绝对值之比。
			1028		段间工频耐压试验	段间的交流工频电压耐受强度。
			1029		二次端工频耐压试验	二次端的交流工频电压耐受强度。
			1030		准确度试验（例行试验）	指在一定实验条件下多次测定的平均值与真值相符合的程度，以误差来表示的试验。
				001	准确度试验（例行试验）测量级绕组比值差和相位差	比值差是指实际变比和额定变比不相等所引入的误差。相位差是指一次电压相量或电流相量与二次电压相量或电流相量的相位之差，相量方向是按理想互感器的相位差为零来选定的。
				002	0.2S	测量用电流互感器的准确级是以该准确级在额定一次电流和额定负荷下最大允许比值差的百分数来标称的。
				003	0.2	测量用电流互感器的准确级是以该准确级在额定一次电流和额定负荷下最大允许比值差的百分数来标称的。

表（续）

项目编码					项目名称	说明
物资专用信息标识代码	模块代码	表代码	字段代码	字段值代码		
				004	0.5S	测量用电流互感器的准确级是以该准确级在额定一次电流和额定负荷下最大允许比值差的百分数来标称的。
				005	0.5	测量用电流互感器的准确级是以该准确级在额定一次电流和额定负荷下最大允许比值差的百分数来标称的。
				006	>0.5	测量用电流互感器的准确级是以该准确级在额定一次电流和额定负荷下最大允许比值差的百分数来标称的。
				007	准确度试验（例行试验）保护级绕组比值差和相位差	保护用电流互感器的比值差是指实际变比和额定变比不相等所引入的误差。保护用电流互感器的相位差是指一次电压相量或电流相量与二次电压相量或电流相量的相位之差，相量方向是按理想互感器的相位差为零来选定的。
				008	5P	保护用电流互感器的准确级是以最大允许复合误差的百分数来标称的，后标以字母"P"（表示"保护"）和 ALF 值。
				009	10P	保护用电流互感器的准确级是以最大允许复合误差的百分数来标称的，后标以字母"P"（表示"保护"）和 ALF 值。
				010	TPY	具有剩磁通限值的保护用电流互感器，以峰值瞬时误差在暂态短路电流条件及规定工作循环下规定其饱和特性。
			1031		标志的检验	检验电流互感器的铭牌标志和端子标志是否符合标准要求。
			1032		环境温度下密封性能试验	在环境温度（20℃±10℃）下验证完整互感器各气室的相对泄漏率不超过规定允许值。
			1033		压力试验（适用于气体绝缘产品，例行试验）	通过观察承压部件有无明显变形或破裂，来验证压力容器是否具有设计压力下安全运行所必需的承压能力。
			1034		二次绕组电阻（R_{ct}）测定	测量实际二次绕组的直流电阻，单位为欧姆，校正到75℃或可能规定的其他温度。
			1035		二次回路时间常数（T_s）测定	测量电流互感器的二次回路时间常数数值，为二次回路总电感（励磁电感和漏电感之和）与二次回路总电阻的比值测量。

表（续）

项目编码					项目名称	说明
物资专用信息标识代码	模块代码	表代码	字段代码	字段值代码		
			1036		额定拐点电势（E_k）和 E_k 下励磁电流的试验	电流互感器的一次绕组和其他绕组开路，以拐点电势的下限值的电压值施加于二次端子时，二次绕组所吸取的电流方均根值。
			1037		匝间过电压试验	验证绕组匝间绝缘的性能。
			1038		绝缘油性能试验	验证绝缘油性能的试验。
			1039		一次端截断雷电冲击耐压试验（特殊试验）	用来验证互感器一次端在运行过程中耐受瞬态快速上升典型截断雷电冲击电压的能力。
			1040		一次端多次截波冲击试验（特殊试验）	用来验证互感器一次端在运行过程中多次耐受瞬态快速上升典型截断雷电冲击电压的能力。
			1041		传递过电压试验（特殊试验）	在规定的试验和测量条件下，由一次传递到二次端子的过电压值。
			1042		机械强度试验（特殊试验）	验证在规定的试验载荷作用下设备抵抗变形和破坏的能力。
			1043		低温和高温下的密封性能试验（适用于气体绝缘产品，特殊试验）	在规定的温度类别的各极限值下验证完整互感器的各气室的相对泄漏率不超过规定允许值。
			1044		绝缘热稳定试验（特殊试验）	为判明设备的绝缘热稳定性所进行的试验。
			1045		剩磁系数测定（抽样试验）	测定剩磁通与饱和磁通的比值，用百分数表示。
			1046		测量用电流互感器的仪表保安系数（FS）测定（抽样试验）	额定仪表限值一次电流与额定一次电流的比值

附　录　C
（规范性附录）
研　发　设　计

项目编码					项目名称	说明
物资专用信息标识代码	模块代码	表代码	字段代码	字段值代码		
略	D				**研发设计**	将需求转换为产品、过程或体系规定的特性或规范的一组过程。
		01			**设计软件一览表**	反映研发设计软件情况的列表。
			1001		设计软件类别	一种计算机辅助工具，借助编程语言以表达并解决现实需求的设计软件的类别。
				001	仿真计算	一种仿真软件，专门用于仿真的计算机软件。
				002	结构设计	分为建筑结构设计和产品结构设计两种，其中建筑结构又包括上部结构设计和基础设计

附 录 D
（规范性附录）
生 产 制 造

项目编码					项目名称	说明
物资专用信息标识代码	模块代码	表代码	字段代码	字段值代码		
略	E				**生产制造**	生产企业整合相关的生产资源，按预定目标进行系统性的从前端概念设计到产品实现的物化过程。
		01			**生产厂房**	反映企业生产厂房属性的统称。
			1001		生产厂房所在地	生产厂房的地址，包括所属行政区划名称，乡（镇）、村、街名称和门牌号。
			1002		厂房权属情况	指厂房产权在主体上的归属状态。
				001	自有	指产权归属自己。
				002	租赁	按照达成的契约协定，出租人把拥有的特定财产（包括动产和不动产）在特定时期内的使用权转让给承租人，承租人按照协定支付租金的交易行为。
				003	部分自有	指部分产权归属自己。
			1003		厂房自有率	自有厂房面积占厂房总面积的比例。
			1004		租赁起始日期	租赁的起始年月日，采用 YYYYMMDD 的日期形式。
			1005		租赁截止日期	租赁的截止年月日，采用 YYYYMMDD 的日期形式。
			1006		厂房总面积	厂房总的面积。
			1007		封闭厂房总面积	设有屋顶，建筑外围护结构全部采用封闭式墙体（含门、窗）构造的生产性（储存性）建筑物的总面积。
			1008		是否含净化车间	具备空气过滤、分配、优化、构造材料和装置的房间，其中特定的规则的操作程序以控制空气悬浮微粒浓度，从而达到适当的微粒洁净度级别。
			1009		净化车间总面积	净化车间的总面积。
			1010		净化车间洁净度	净化车间空气环境中空气所含尘埃量多少的程度，在一般的情况下，是指单位体积的空气中所含大于等于某一粒径粒子的数量。含尘量高则洁净度低，含尘量低则洁净度高。

表（续）

项目编码					项目名称	说明
物资专用信息标识代码	模块代码	表代码	字段代码	字段值代码		
			1011		净化车间平均温度	净化车间的平均温度。
			1012		净化车间平均相对湿度	净化车间中水在空气中的蒸汽压与同温度同压强下水的饱和蒸汽压的比值。
			1013		净化车间洁净度检测报告扫描件	用扫描仪将净化车间洁净度检测报告进行扫描得到的电子文件。
		02			**主要生产设备**	反映企业拥有的关键生产设备的统称。
			1001		生产设备	在生产过程中为生产工人操纵的，直接改变原材料属性、性能、形态或增强外观价值所必需的劳动资料或器物。
			1002		设备类别	将设备按照不同种类进行区别归类。
			1003		设备名称	一种设备的专用称呼。
				001	箔式线圈绕制机	将铝箔或铜箔绕制成变压器线圈的机器。
				002	气相干燥设备	在真空状态下，利用煤油蒸气对变压器、电抗器、互感器器身或线圈进行加热、干燥的设备。
				003	SF_6 气体回收装置	用于 SF_6 气体绝缘电器的制造、使用及科研等部门从电气设备 SF_6 气室中回收、净化和储存 SF_6 气体，并能对设备气室抽真空及充入 SF_6 气体的专用设备。
				004	油处理设备	对变压器油进行脱水、脱气，并进行净化处理的设备。
				005	高压互感器真空干燥注油设备	在真空条件下，按一定速度将绝缘油注入到互感器腔体中的设备。
				006	器身包扎机	用于器身包扎的设备。
				007	环氧树脂真空浇注设备	在真空状态下，对电机、电抗器、变压器、互感器等的线圈浇注环氧树脂的成套设备。
				008	固化炉	固化是指在电子行业及其他各种行业中，为了增强材料结合的应力而采用的零部件加热、树脂固化和烘干的生产工艺。实施固化的容器即为固化炉。

表（续）

项目编码					项目名称	说明
物资专用信息标识代码	模块代码	表代码	字段代码	字段值代码		
				999	其他类别设备	其他类别设备。
			1004		设备型号	便于使用、制造、设计等部门进行行业业务联系和简化技术文件中产品名称、规格、型式等叙述而引用的一种代号。
			1005		数量	设备的数量。
			1006		主要技术参数项	对生产设备的主要技术性能指标项目进行描述。
				001	绕制线圈最大外径	绕制线圈的最大外径。
				002	单台容量	指一个物体的容积的大小。
				003	充气（回收）速率	指单位时间内通过加压，使气体充入或回收到物体内体积。
				004	流量	指单位时间内流经封闭管道或明渠有效截面的流体量。
				005	最大直线卷绕长度	最大直线卷绕长度。
			1007		主要技术参数值	对生产设备的主要技术性能指标数值进行描述。
			1008		设备制造商	制造设备的生产厂商。
			1009		设备国产/进口	在国内/国外生产的设备。
				001	国产	在本国生产的生产设备。
				002	进口	向非本国居民购买生产或消费所需的原材料、产品、服务。
			1010		设备单价	单台设备购买的完税后价格。
			1011		设备购买合同及发票扫描件	用扫描仪将设备购买合同及发票原件扫描得到的电子文件。
		03			**生产工艺控制**	反映生产工艺控制过程中一些关键要素的统称。
			1001		适用的产品类别	将适用的产品按照一定规则归类后，该类产品对应的适用的产品类别名称。
			1002		主要工序名称	对产品的质量、性能、功能、生产效率等有重要影响的工序。
				001	铁心制作及热处理	制作铁心过程及对其进行热处理的过程。

表（续）

项目编码					项目名称	说明
物资专用信息标识代码	模块代码	表代码	字段代码	字段值代码		
				002	二次线圈绕制	二次绕组的一组串联的线匝的绕制。
				003	一次线圈绝缘包扎	一次线圈绝缘包扎过程。
				004	真空浇注	将环氧树脂和固化剂的混合料在真空环境下浇注到模具中。
				005	一次热缩	指材料受热发生收缩的行为。
				006	器身装配	将变压器类产品的铁心、线圈、引线及绝缘等组装完成整体。
				007	真空干燥处理	在真空条件下对变压器、电抗器、互感器器身或线圈进行加热、干燥。
				008	成品装配	指将零件按规定的技术要求组装起来，并经过调试、检验使之成为合格产品的过程。
				009	真空注油	在真空条件下，按一定速度将绝缘油注入到设备腔体中。
				010	真空充气	在真空条件下，按一定速度将气体注入到设备腔体中。
				011	试验	依据规定的程序测定产品、过程或服务的一种或多种特性的技术操作。
			1003		工艺文件名称	主要描述如何通过过程控制，完成最终的产品的操作文件。
			1004		是否具有相应记录	是否将一套工艺的整个流程用一定的方式记录下来。
			1005		整体执行情况	按照工艺要求，对范围、成本、检测、质量等方面实施情况的体现。
				001	良好	生产工艺整体执行良好。
				002	一般	生产工艺整体执行一般。
				003	较差	生产工艺整体执行较差。
			1006		工艺文件扫描件	用扫描仪将工艺文件扫描得到的电子文件

附　录　E

（规范性附录）

试　验　检　测

项目编码					项目名称	说明
物资专用信息标识代码	模块代码	表代码	字段代码	字段值代码		
略	F				**试验检测**	用规范的方法检验测试某种物体指定的技术性能指标。
		01			**试验检测设备一览表**	反映试验检测设备属性情况的列表。
			1001		试验检测设备	一种产品或材料在投入使用前，对其质量或性能按设计要求进行验证的仪器。
			1002		设备类别	将设备按照不同种类进行区别归类。
			1003		试验项目名称	为了了解产品性能而进行的试验项目的称谓。
				001	气体露点测量（适用于气体绝缘产品）	在标准条件下，绝缘气体中水蒸气开始沉积为液体或雾状时的温度。
				002	一次端工频耐压试验	一次端的交流工频电压耐受强度。
				003	局部放电测量	对导体间绝缘介质内部所发生的局部击穿的一种放电的测量。
				004	电容量和介质损耗因数测量	电荷储藏量的测量和受正弦电压作用的绝缘结构或绝缘材料所吸收的有功功率值与无功功率绝对值之比的测量。
				005	段间工频耐压试验	段间的交流工频电压耐受强度。
				006	二次端工频耐压试验	二次端的交流工频电压耐受强度。
				007	准确度试验（例行试验）测量级绕组比值差和相位差	比值差是指实际变比和额定变比不相等所引入的误差。相位差是指一次电压相量或电流相量与二次电压相量或电流相量的相位之差，相量方向是按理想互感器的相位差为零来选定的。
				008	准确度试验（例行试验）保护级绕组比值差和相位差	保护用电流互感器的比值差是指实际变比和额定变比不相等所引入的误差。保护用电流互感器的相位差是指一次电压相量或电流相量与二次电压相量或电流相量的相位之差，相量方向是按理想互感器的相位差为零来选定的。

表（续）

项目编码					项目名称	说明
物资专用信息标识代码	模块代码	表代码	字段代码	字段值代码		
				009	标志的检验	检验电流互感器的铭牌标志和端子标志是否符合标准要求。
				010	环境温度下密封性能试验	在环境温度（20℃±10℃）下验证完整互感器各气室的相对泄漏率不超过规定允许值。
				011	压力试验（适用于气体绝缘产品）（例行试验）	通过观察承压部件有无明显变形或破裂，来验证压力容器是否具有设计压力下安全运行所必需的承压能力。
				012	二次绕组电阻（R_{ct}）测定	测量实际二次绕组的直流电阻，单位为欧姆，校正到75℃或可能规定的其他温度。
				013	二次回路时间常数（T_s）测定	电流互感器的二次回路时间常数数值，为二次回路总电感（励磁电感和漏电感之和）与二次回路总电阻的比值。
				014	额定拐点电势（E_k）和 E_k 下励磁电流的试验	电流互感器的一次绕组和其他绕组开路，以拐点电势的下限值的电压值施加于二次端子时，二次绕组所吸取的电流方均根值。
				015	匝间过电压试验	验证绕组匝间绝缘的性能。
				016	绝缘油性能试验	验证绝缘油性能的试验。
				017	剩磁系数测定（抽样试验）	测定剩磁通与饱和磁通的比值，用百分数表示。
				018	测量用电流互感器的仪表保安系数（FS）测定（抽样试验）	额定仪表限值一次电流与额定一次电流的比值测定。
			1004		设备名称	一种设备的专用称呼。
				001	试验变压器	供各种电气设备和绝缘材料做电气绝缘性能试验用的变压器。
				002	标准电流互感器	在正常使用条件下，其二次电流与一次电流实质上成正比，且其相位差在连接方法正确时接近于零的互感器。
				003	局部放电测量仪	采用特定方法进行局部放电测量的专用仪器。

表（续）

项目编码					项目名称	说明
物资专用信息标识代码	模块代码	表代码	字段代码	字段值代码		
				004	六氟化硫微量水分仪	用于六氟化硫新气、交接及运行电气设备中六氟化硫所含微量水分的测定。
				005	六氟化硫气体检漏仪	用于六氟化硫气体绝缘电器的制造以及现场维护的专用仪器。
				006	绝缘油介电强度测试仪	测量绝缘油介电强度参数的专用测试仪器。
				007	变压器油介损测试仪	用于测量变压器油介质损耗的试验仪器，通常由电源、测量系统、电极杯、温控装置等组成。
				008	变压器油微水设备	用于测量绝缘油微水含量的试验仪器。
				009	绝缘油气相色谱分析仪	一种绝缘油气体浓度分析仪。
				010	高压介质损耗测试仪	采用高压电容电桥的原理，应用数字测量技术，对介质损耗因数和电容量进行自动测量的一种仪器。
				011	冲击电压发生器	用于电力设备等试品进行雷电冲击电压全波、雷电冲击电压截波和操作冲击电压波的冲击电压试验，检验绝缘性能的装置。
				999	其他类别设备	其他类别设备。
			1005		设备型号	便于使用、制造、设计等部门进行业务联系和简化技术文件中产品名称、规格、型式等叙述而引用的一种代号。
			1006		数量	设备的数量。
			1007		主要技术参数项	描述设备的主要技术要求的项目。
				001	额定输出电压	输出端在规定条件下应达到的电压。
				002	准确度	对互感器所给定的误差等级，表示它在规定使用条件下的比值差和相位差应保持在规定的限值以内。
				003	分辨率	输出的图像的精密度。
				004	额定输出电压	输出端在规定条件下应达到的电压。

表（续）

项目编码					项目名称	说明
物资专用信息标识代码	模块代码	表代码	字段代码	字段值代码		
			1008		主要技术参数值	描述设备的主要技术要求的数值。
			1009		是否具有有效的检定证书	是否具备由法定计量检定机构对仪器设备出具的证书。
			1010		设备制造商	制造设备的生产厂商，不是代理商或贸易商。
			1011		设备国产/进口	在国内/国外生产的设备。
				001	国产	在本国生产的生产设备。
				002	进口	向非本国居民购买生产或消费所需的原材料、产品、服务。
			1012		设备单价	购置单台生产设备的完税后价格。
			1013		设备购买合同及发票扫描件	用扫描仪将设备购买合同及发票原件扫描得到的电子文件。
		02			**试验检测人员一览表**	反映试验检测人员情况的列表。
			1001		姓名	在户籍管理部门正式登记注册、人事档案中正式记载的姓氏名称。
			1002		资质证书名称	表明劳动者具有从事某一职业所必备的学识和技能的证书的名称。
			1003		资质证书编号	资质证书的编号或号码。
			1004		资质证书出具机构	资质评定机关的中文全称。
			1005		资质证书出具时间	资质评定机关核发资质证书的年月日，采用 YYYYMMDD 的日期形式。
			1006		有效期至	资质证书登记的有效期的终止日期，采用 YYYYMMDD 的日期形式。
			1007		资质证书扫描件	用扫描仪将资质证书正本扫描得到的电子文件。
		03			**现场抽样检测记录表**	反映现场抽样检测记录情况的列表。
			1001		适用的产品类别	实际抽样的产品可以代表的一类产品的类别。
			1002		现场抽样检测时间	现场随机抽取产品进行试验检测的具体日期，采用 YYYYMMDD 的日期形式。

表（续）

项目编码					项目名称	说明
物资专用信息标识代码	模块代码	表代码	字段代码	字段值代码		
			1003		产品类别	将产品按照一定规则归类后，该类产品对应的的类别。
			1004		抽样检测产品型号	便于使用、制造、设计等部门进行业务联系和简化技术文件中产品名称、规格、型式等叙述而引用的一种代号。
			1005		抽样检测产品编号	同一类型产品生产出来后给定的用来识别某类型产品中的每一个产品的一组代码，由数字和字母或其他代码组成。
			1006		抽样检测项目	从欲检测的全部样品中抽取一部分样品单位进行检测的项目。
				001	气体露点测量（适用于气体绝缘产品）	在标准条件下，测量绝缘气体中水蒸气开始沉积为液体或雾状时的温度。
				002	一次端工频耐压试验	一次端的交流工频电压耐受强度。
				003	局部放电测量	对导体间绝缘介质内部所发生的局部击穿的一种放电的测量。
				004	电容量和介质损耗因数测量	电荷储藏量的测量和受正弦电压作用的绝缘结构或绝缘材料所吸收的有功功率值与无功功率绝对值之比的测量。
				005	段间工频耐压试验	段间的交流工频电压耐受强度。
				006	二次端工频耐压试验	二次端的交流工频电压耐受强度的试验。
				007	准确度试验（例行试验）测量级绕组比值差和相位差	比值差是指实际变比和额定变比不相等所引入的误差。相位差是指一次电压相量或电流相量与二次电压相量或电流相量的相位之差，相量方向是按理想互感器的相位差为零来选定的。
				008	准确度试验（例行试验）保护级绕组比值差和相位差	保护用电流互感器的比值差是指实际变比和额定变比不相等所引入的误差。保护用电流互感器的相位差是指一次电压相量或电流相量与二次电压相量或电流相量的相位之差，相量方向是按理想互感器的相位差为零来选定的。

表（续）

项目编码					项目名称	说明
物资专用信息标识代码	模块代码	表代码	字段代码	字段值代码		
				009	标志的检验	检验电流互感器的铭牌标志和端子标志是否符合标准要求。
				010	环境温度下密封性能试验	在环境温度（20℃±10℃）下验证完整互感器各气室的相对泄漏率不超过规定允许值。
				011	压力试验（适用于气体绝缘产品）（例行试验）	通过观察承压部件有无明显变形或破裂，来验证压力容器是否具有设计压力下安全运行所必需的承压能力。
				012	二次绕组电阻（R_{ct}）测定	测量实际二次绕组的直流电阻，单位为欧姆，校正到75℃或可能规定的其他温度。
				013	二次回路时间常数（T_s）测定	测定电流互感器的二次回路时间常数数值，为二次回路总电感（励磁电感和漏电感之和）与二次回路总电阻的比值测定。
				014	额定拐点电势（E_k）和E_k下励磁电流的试验	电流互感器的一次绕组和其他绕组开路，以拐点电势的下限值的电压值施加于二次端子时，二次绕组所吸取的电流方均根值。
				015	匝间过电压试验	验证绕组匝间绝缘的性能。
				016	绝缘油性能试验	验证绝缘油性能的试验。
				017	剩磁系数测定（抽样试验）	测定剩磁通与饱和磁通的比值，用百分数表示。
				018	测量用电流互感器的仪表保安系数（FS）测定（抽样试验）	测定额定仪表限值一次电流与额定一次电流的比值。
			1007		抽样检测结果	对抽取样品检测项目的结论/结果

附　录　F
（规范性附录）
原　材　料/组　部　件

项目编码					项目名称	说明
物资专用信息标识代码	模块代码	表代码	字段代码	字段值代码		
略	G				**原材料/组部件**	原材料指生产某种产品所需的基本原料，组部件指某种产品的组成部件。
		01			**原材料/组部件一览表**	反映原材料或组部件情况的列表。
			1001		原材料/组部件名称	生产某种产品的基本原料的名称。机械的一部分，由若干装配在一起的零件所组成，此处指产品的组成部件的名称。
				001	二次线圈	二次绕组的一组串联的线匝，通常是同轴的。
				002	复合绝缘子	至少由两种绝缘部件，即芯体和伞套制成，并装有端部装配件的绝缘子。
				003	瓷套	用作电器内绝缘的容器，并使内绝缘免遭周围环境因素的影响。
				004	绝缘材料	用于防止导电元件之间导电的材料。
				005	一次导电杆	用于变压器线圈引出线与外线连接，安装于变压器顶部。
				006	金属膨胀器	容积可变的容器，在密封的油浸式产品中，其容积随绝缘油涨缩而变化，以保持产品内部压力实际上不变。
				007	绝缘油	用于防止导电元件之间导电的液体。
				008	壳体	能提供合适于预期用途的防护类型及其等级的壳形件。
			1002		原材料/组部件规格型号	反映原材料/组部件的性质、性能、品质等一系列的指标，一般由一组字母和数字以一定的规律编号组成如品牌、等级、成分、含量、纯度、大小（尺寸、重量）等。
			1003		原材料/组部件制造商名称	所使用的原材料/组部件的制造商的名称。
			1004		原材料/组部件国产/进口	所使用的原材料/组部件是国产或进口。

表（续）

项目编码					项目名称	说明
物资专用信息标识代码	模块代码	表代码	字段代码	字段值代码		
				001	国产	本国（中国）生产的原材料或组部件。
				002	进口	向非本国居民购买生产或消费所需的原材料、产品、服务。
			1005		检测方式	为确定某一物质的性质、特征、组成等而进行的试验，或根据一定的要求和标准来检查试验对象品质的优良程度的方式。
				001	本厂全检	指由本厂实施，根据某种标准对被检查产品进行全部检查。
				002	本厂抽检	指由本厂实施，从一批产品中按照一定规则随机抽取少量产品（样本）进行检验，据以判断该批产品是否合格的统计方法。
				003	委外全检	指委托给其他具有相关资质的单位实施，根据某种标准对被检查产品进行全部检查。
				004	委外抽检	指委托给其他具有相关资质的单位实施，从一批产品中按照一定规则随机抽取少量产品（样本）进行检验，据以判断该批产品是否合格的统计方法和理论。
				005	不检	不用检查或没有检查

附 录 G
（规范性附录）
产 品 产 能

项目编码					项目名称	说明
物资专用信息标识代码	模块代码	表代码	字段代码	字段值代码		
略	I				**产品产能**	在计划期内，企业参与生产的全部固定资产，在既定的组织技术条件下，所能生产的产品数量，或者能够处理的原材料数量。
		01			**生产能力表**	反映企业生产能力情况的列表。
			1001		产品类型	将产品按照一定规则归类后，该类产品对应的类别。
			1002		瓶颈工序名称	制约整条生产线产出量的那一部分工作步骤或工艺过程的名称。
				001	真空干燥及浸渍	在真空条件下对变压器、电抗器、互感器身或线圈进行加热、干燥、浸渍。
				002	真空浇注	将环氧树脂和固化剂的混合料在真空环境下浇注到模具中。
				003	试验	依据规定的程序测定产品、过程或服务的一种或多种特性的技术操作

交流电压互感器供应商专用信息

目　次

交流电压互感器供应商专用信息

1 范围

本部分规定了交流电压互感器类物资供应商的报告证书、研发设计、生产制造、试验检测、原材料/组部件和产品产能等专用信息数据规范。

本部分适用于国家电网有限公司供应商资质能力信息核实工作，以及涉及供应商数据的相关应用。

本部分适用的交流电压互感器类物料及其物料组编码见附录 A。

2 规范性引用文件

下列文件对于本文件的应用是必不可少的。凡是注日期的引用文件，仅注日期的版本适用于本文件。凡是不注日期的引用文件，其最新版本（包括所有的修改单）适用于本文件。

GB/T 311.1—2012 绝缘配合 第 1 部分：定义、原则和规则

GB/T 1094.3—2017 电力变压器 第 3 部分：绝缘水平、绝缘试验和外绝缘空气间隙

GB/T 2900.1—2008 电工术语 基本术语

GB/T 2900.5—2002 电工术语 绝缘固体、液体和气体

GB/T 2900.39—2009 电工术语 电机、变压器专用设备

GB/T 2900.94—2015 电工术语 互感器

GB/T 2900.95—2015 电工术语 变压器、调压器和电抗器

GB/T 4208—2008 外壳防护等级（IP 代码）

GB/T 4831—2016 旋转电机产品型号编制方法

GB/T 16927.1—2011 高电压试验技术 第 1 部分：一般定义及试验要求

GB/T 20138—2006 电器设备外壳对外界机械碰撞的防护等级（IK 代码）

GB/T 20840.1—2010 互感器 第 1 部分：通用技术要求

GB/T 20840.3—2013 互感器 第 3 部分：电磁式电压互感器的补充技术要求

GB/T 20840.5—2013 互感器 第 5 部分：电容式电压互感器的补充技术要求

GB/T 22079—2008 标称电压高于 1000V 使用的户内和户外聚合物绝缘子 一般定义、试验方法和接受准则

GB/T 36104—2018 法人和其他组织统一社会信用代码数据元

GB/T 50260—2013 电力设施抗震设计规范

JB/T 11054—2010 变压器专用设备 变压法真空干燥设备

JB/T 11055—2010 变压器专用设备 环氧树脂真空浇注设备

JB/T 12011—2014　高压互感器真空干燥注油设备

DL/T 396—2010　电压等级代码

DL/T 662—2009　六氟化硫气体回收装置技术条件

DL/T 703—2015　绝缘油中含气量的气相色谱测定法

DL/T 846.4—2016　高电压测试设备通用技术条件　第 4 部分：脉冲电流法局部放电测量仪

DL/T 846.5—2004　高电压测试设备通用技术条件　第 5 部分：六氟化硫微量水分仪

DL/T 846.6—2004　高电压测试设备通用技术条件　第 6 部分：六氟化硫气体检漏仪

DL/T 846.7—2016　高电压测试设备通用技术条件　第 7 部分：绝缘油介电强度测试仪

DL/T 848.5—2004　高压试验装置通用技术条件　第 5 部分：冲击电压发生器

DL/T 962—2005　高压介质损耗测试仪通用技术条件

DL/T 1305—2013　变压器油介损测试仪通用技术条件

3　术语和定义

下列术语和定义适用于本文件。

3.1

报告证书　report certificate

具有相应资质、权力的机构或机关等发的证明资格或权力的文件。

3.2

研发设计　research and development design

将需求转换为产品、过程或体系规定的特性或规范的一组过程。

3.3

生产制造　production-manufacturing

生产企业整合相关的生产资源,按预定目标进行系统性的从前端概念设计到产品实现的物化过程。

3.4

试验检测　test verification

用规范的方法检验测试某种物体指定的技术性能指标。

3.5

原材料/组部件　raw material and components

指生产某种产品所需的基本原料或组成部件。

3.6

产品产能　product capacity

在计划期内,企业参与生产的全部固定资产,在既定的组织技术条件下,所能生产的产品数量。

4 符号和缩略语

下列符号和缩略语适用于本文件。

4.1 符号

kV：电压单位。

K：温度单位。

pF：电容单位。

T_c：温度系数。

m^2：面积单位。

mm：长度单位。

℃：温度单位。

$\tan\delta$：介质损耗因数。

L/min：流量单位。

m^3/h：流量单位。

m^3：体积单位。

4.2 缩略语

EMC：电磁兼容性。

5 报告证书

报告证书包括电磁式电压互感器检测报告数据表、电容式电压互感器检测报告数据汇总表、抗震试验报告数据汇总表，报告证书见附录 B。

5.1 电磁式电压互感器检测报告数据表

电磁式电压互感器检测报告数据表包括物料描述、产品型号、报告编号、检验类别、委托单位、产品制造单位、报告出具机构、报告出具日期、检测报告有效期至、报告扫描件、电压等级、二次绕组数、温升试验、一次端冲击耐压试验—雷电冲击、一次端冲击耐压试验—截断雷电冲击、一次端冲击耐压试验—操作冲击、户外型互感器的湿试验、电磁兼容（EMC）试验、准确度试验（型式试验）测量级绕组比值差和相位差、准确度试验（型式试验）保护级绕组比值差和相位差、外壳防护等级的检验（IP）、外壳防护等级的检验（IK）、环境温度下密封性能试验（适用于气体绝缘产品）、压力试验（适用于气体绝缘产品，型式试验）、短路承受能力试验、励磁特性测量、气体露点测量（适用于气体绝缘产品）、一次端工频耐压试验、局部放电测量、电容量和介质损耗因数测量、段间工频耐压试验、二次端工频耐压试验、准确度试验（例行试验）—测量级绕组比值差和相位差、准确度试验（例行试验）—保护级绕组比值差和相位差、标志的检验、环境温度下密封性能试验、压力试验（适用于气体绝缘产品，例行试验）、励磁特性测量、绝缘油性能试验、一次端多次截波冲击试验（特殊试验）、传递过电压试验（特殊试验）、机械强度试验（特殊试验）、低温和高温下的密封性能试验（适用于气体绝缘产品，特殊试验）。

5.2 电容式电压互感器检测报告数据汇总表

电容式电压互感器检测报告数据汇总表包括物料描述、报告编号、检验类别、委托单位、产品型号、报告出具机构、报告出具日期、检测报告有效期至、报告扫描件、电压等级、额定电容量、二次绕组数、温升试验、截断冲击试验、一次端冲击耐压试验—雷电冲击、一次端冲击耐压试验—操作冲击、户外型互感器的湿试验、电磁兼容（EMC）试验、准确度试验（型式试验）、外壳防护等级的检验（IP 代码的检验）、外壳防护等级的检验（机械冲击试验 IK 代码）、环境温度下密封性能试验（适用于气体绝缘产品）、压力试验（适用于气体绝缘产品，型式试验）、电容量和介质损耗因数测量、短路承受能力试验、铁磁谐振试验、暂态响应试验（保护用电容式电压互感器）、载波附件的型式试验、气体露点测量（适用于气体绝缘产品）、一次端工频耐压试验—电容分压器一次端工频耐压、局部放电测量、段间工频耐压试验、二次端工频耐压试验、准确度试验（例行试验）、标志的检验、环境温度下密封性能试验、压力试验（适用于气体绝缘产品，例行试验）、铁磁谐振检验、载波附件的例行试验、电磁单元绝缘油性能试验、传递过电压试验（特殊试验）、机械强度试验（特殊试验）、低温和高温下的密封性能试验（适用于气体绝缘产品，特殊试验）、温度系数测定。

5.3 抗震试验报告数据汇总表

抗震试验报告数据汇总表包括报告编号、试验产品类别、产品型号、电压等级、报告出具日期、检测报告有效期至、报告出具机构、报告扫描件。

6 研发设计

研发设计包括设计软件一览表，研发设计信息见附录 C。

6.1 设计软件一览表

设计软件一览表包括设计软件类别。

7 生产制造

生产制造主要包括生产厂房、主要生产设备、生产工艺控制，生产制造信息见附录 D。

7.1 生产厂房

生产厂房包括生产厂房所在地、厂房权属情况、厂房自有率、租赁起始日期、租赁截止日期、厂区总面积、封闭厂房总面积、是否含净化车间、净化车间总面积、净化车间洁净度、净化车间平均温度、净化车间平均相对湿度、净化车间洁净度检测报告扫描件。

7.2 主要生产设备

主要生产设备包括生产设备、设备类别、设备名称、设备型号、数量、主要技术参数项、主要技术参数值、设备制造商、设备国产/进口、设备单价、设备购买合同及发票扫描件。

7.3 生产工艺控制

生产工艺控制包括适用的产品类别、主要工序名称、工艺文件名称、是否具有相应记录、整体执行情况、工艺文件扫描件。

8 试验检测

试验检测包括试验检测设备一览表、试验检测人员一览表、现场抽样检测记录表；试验检测信息见附录 E。

8.1 试验检测设备一览表

试验检测设备一览表包括试验检测设备、设备类别、试验项目名称、设备名称、设备型号、数量、主要技术参数项、主要技术参数值、是否具有有效的检定证书、设备制造商、设备国产/进口、设备单价、设备购买合同及发票扫描件。

8.2 试验检测人员一览表

试验检测人员一览表包括姓名、资质证书名称、资质证书编号、资质证书出具机构、资质证书出具时间、有效期至、资质证书扫描件。

8.3 现场抽样检测记录表

现场抽样检测记录表包括适用的产品类别、现场抽样检测时间、产品类别、抽样检测产品型号、抽样检测产品编号、抽样检测项目、抽样检测结果。

9 原材料/组部件

原材料/组部件包括原材料/组部件一览表，原材料/组部件信息见附录 F。

9.1 原材料/组部件一览表

原材料/组部件一览表包括原材料/组部件名称、原材料/组部件规格型号、原材料/组部件制造商名称、原材料/组部件国产/进口、检测方式。

10 产品产能

产品产能包括生产能力表，产品产能信息见附录 G。

10.1 生产能力表

生产能力表包括产品类型、瓶颈工序名称。

附　录　A

（规范性附录）

适用的物资及物资专用信息标识代码

物资类别	物料所属大类	物资所属中类	物资名称	物资专用信息 标识代码
交流电压互感器	一次设备	电压互感器	电磁式电压互感器	G1005001
交流电压互感器	一次设备	电压互感器	电容式电压互感器	G1005002

附 录 B

（规范性附录）

报 告 证 书

项目编码					项目名称	说明
物资专用信息标识代码	模块代码	表代码	字段代码	字段值代码		
略	C				报告证书	具有相应资质、权力的机构或机关等发的证明资格或权力的文件。
		01			电磁式电压互感器检测报告数据表	反映电磁式电压互感器检测报告数据内容情况的列表。
			1001		物料描述	以简短的文字、符号或数字、号码来代表物料、品名、规格或类别及其他有关事项。
			1002		产品型号	便于使用、制造、设计等部门进行业务联系和简化技术文件中产品名称、规格、型式等叙述而引用的一种代号。
			1003		报告编号	采用字母、数字混合字符组成的用以标识检测报告的完整的、格式化的一组代码，是检测报告上标注的报告唯一性标识。
			1004		检验类别	按不同检验方式进行区别分类。
				001	送检	产品送到第三方检测机构进行检验的类型。
				002	委托监试	委托第三方检测机构提供试验仪器试验人员到现场对产品进行检验的类型。
			1005		委托单位	委托检测活动的单位。
			1006		产品制造单位	检测报告中送检样品的生产制造单位。
			1007		报告出具机构	应申请检验人的要求，对产品进行检验后所出具书面证明的检验机构。
			1008		报告出具日期	企业检测报告出具的年月日，采用YYYYMMDD的日期形式。
			1009		检测报告有效期至	认证证书有效期的截止年月日，采用YYYYMMDD的日期形式。
			1010		报告扫描件	用扫描仪将检测报告正本扫描得到的电子文件。
			1011		电压等级	根据传输与使用的需要按电压有效值的大小所分的若干级别。

表（续）

项目编码					项目名称	说明
物资专用信息标识代码	模块代码	表代码	字段代码	字段值代码		
				001	10kV	10kV 电压等级。
				002	35kV	35kV 电压等级。
				003	66kV	66kV 电压等级。
				004	110kV	110kV 电压等级。
				005	220kV	220kV 电压等级。
				006	330kV	330kV 电压等级。
				007	500kV	500kV 电压等级。
				008	750kV	750kV 电压等级。
				009	1000kV	1000kV 电压等级。
				999	其他	其他电压等级。
			1012		二次绕组数	不通过被变换电流（电流互感器）或不被施加被变换电压（电压互感器）的绕组的数量。
				001	1	二次绕组数为1。
				002	2	二次绕组数为2。
				003	3	二次绕组数为3。
				004	4	二次绕组数为4。
				005	5	二次绕组数为5。
				006	6	二次绕组数为6。
				007	7	二次绕组数为7。
				008	8	二次绕组数为8。
				009	＞8	二次绕组数大于8。
			1013		温升试验	在规定运行条件下，确定产品的一个或多个部分的平均温度与外部冷却介质温度之差的试验。
			1014		一次端冲击耐压试验—雷电冲击	用来验证设备在运行过程中耐受瞬态快速上升典型雷电冲击电压的能力。
			1015		一次端冲击耐压试验—截断雷电冲击	用来验证互感器一次端在运行过程中耐受瞬态快速上升典型截断雷电冲击电压的能力。
			1016		一次端冲击耐压试验—操作冲击	用来验证设备在运行过程中耐受与开关操作相关的典型的上升时间缓慢瞬态电压的能力。
			1017		户外型互感器的湿试验	模拟自然雨对外绝缘的影响试验。

表（续）

项目编码					项目名称	说明
物资专用信息标识代码	模块代码	表代码	字段代码	字段值代码		
			1018		电磁兼容（EMC）试验	一种性能试验，表示一台设备或一个系统在它的电磁环境下能满意地运行，且不对该环境中的任何物件产生过量的电磁骚扰。
			1019		准确度试验（型式试验）测量级绕组比值差和相位差	比值差是指实际变比和额定变比不相等所引入的误差。相位差是指一次电压相量或电流相量与二次电压相量或电流相量的相位之差，相量方向是按理想互感器的相位差为零来选定的。
				001	0.2	测量用电压互感器的准确级，是以该准确级在额定电压和额定负荷下所规定的最大允许电压误差百分数来标称的。
				002	0.5	测量用电压互感器的准确级，是以该准确级在额定电压和额定负荷下所规定的最大允许电压误差百分数来标称的。
				003	>0.5	测量用电压互感器的准确级，是以该准确级在额定电压和额定负荷下所规定的最大允许电压误差百分数来标称的。
			1020		准确度试验（型式试验）保护级绕组比值差和相位差	比值差是指实际变比和额定变比不相等所引入的误差。相位差是指一次电压相量或电流相量与二次电压相量或电流相量的相位之差，相量方向是按理想互感器的相位差为零来选定的。
				001	3P	保护用电压互感器的准确级，是以该准确级自5%额定电压到与额定电压因数相对应电压的范围内的最大允许电压误差百分数来标称的。其后标以字母P。
				002	6P	保护用电压互感器的准确级，是以该准确级自5%额定电压到与额定电压因数相对应电压的范围内的最大允许电压误差百分数来标称的。其后标以字母P。
				003	无	保护用电压互感器的准确级，是以该准确级自5%额定电压到与额定电压因数相对应电压的范围内的最大允许电压误差百分数来标称的。其后标以字母P。
			1021		外壳防护等级的检验（IP）	按标准规定的检验方法，检验外壳对接近危险部件、防止固体异物进入或水进入所提供的保护程度。

表（续）

项目编码					项目名称	说明
物资专用信息标识代码	模块代码	表代码	字段代码	字段值代码		
			1022		外壳防护等级的检验（IK）	外壳对设备提供的因外界机械碰撞而不使设备受到有害影响的防护（等级），并采用标准的试验方法得到验证。
			1023		环境温度下密封性能试验（适用于气体绝缘产品）	在环境温度（20℃±10℃）下验证完整互感器各气室的相对泄漏率不超过规定允许值。
			1024		压力试验（适用于气体绝缘产品，型式试验）	通过观察承压部件有无明显变形或破裂，来验证压力容器是否具有设计压力下安全运行所必需的承压能力。
			1025		短路承受能力试验	电压互感器应设计和制造成在额定电压下励磁时，能承受持续时间为1s的外部短路的机械效应和热效应而无损伤的能力试验。
			1026		励磁特性测量	测量施加于二次端子或一次端子上的正弦波电压的方均值与励磁电流方均根值之间的关系。
			1027		气体露点测量（适用于气体绝缘产品）	测量在标准条件下，绝缘气体中水蒸气开始沉积为液体或雾状时的温度。
			1028		一次端工频耐压试验	用来测试一次端的交流工频电压耐受强度。
			1029		局部放电测量	对导体间绝缘介质内部所发生的局部击穿的一种放电的测量。
			1030		电容量和介质损耗因数测量	电荷储藏量的测量；受正弦电压作用的绝缘结构或绝缘材料所吸收的有功功率值与无功功率绝对值之比的测量。
			1031		段间工频耐压试验	用来测试段间的交流工频电压耐受强度。
			1032		二次端工频耐压试验	用来测试二次端的交流工频电压耐受强度。
			1033		准确度试验（例行试验）—测量级绕组比值差和相位差	比值差是指实际变比和额定变比不相等所引入的误差。相位差是指一次电压相量或电流相量与二次电压相量或电流相量的相位之差，相量方向是按理想互感器的相位差为零来选定的。

表（续）

项目编码					项目名称	说明
物资专用信息标识代码	模块代码	表代码	字段代码	字段值代码		
			1034		准确度试验（例行试验）—保护级绕组比值差和相位差	比值差是指实际变比和额定变比不相等所引入的误差。相位差是指一次电压相量或电流相量与二次电压相量或电流相量的相位之差，相量方向是按理想互感器的相位差为零来选定的。
			1035		标志的检验	检验电流互感器的铭牌标志和端子标志是否符合标准要求。
			1036		环境温度下密封性能试验	在环境温度（20℃±10℃）下验证完整互感器各气室的相对泄漏率不超过规定允许值。
			1037		压力试验（适用于气体绝缘产品，例行试验）	通过观察承压部件有无明显变形或破裂，来验证压力容器是否具有设计压力下安全运行所必需的承压能力。
			1038		励磁特性测量	测量施加于二次端子或一次端子上的正弦波电压的方均值与励磁电流方均根值之间的关系。
			1039		绝缘油性能试验	验证绝缘油性能的试验。
			1040		一次端多次截波冲击试验（特殊试验）	用来验证电流互感器一次端在运行过程中多次耐受瞬态快速上升典型截断雷电冲击电压的能力。
			1041		传递过电压试验（特殊试验）	在规定的试验和测量条件下，由一次传递到二次端子的过电压值。
			1042		机械强度试验（特殊试验）	验证在规定的试验载荷作用下设备抵抗变形和破坏的能力。
			1043		低温和高温下的密封性能试验（适用于气体绝缘产品，特殊试验）	在规定的温度类别的各极限值下，验证完整互感器的各气室的相对泄漏率不超过规定允许值。
		02			**电容式电压互感器检测报告数据汇总表**	反映电容式电压互感器检测报告数据内容情况的列表。
			1001		物料描述	以简短的文字、符号或数字、号码来代表物料、品名、规格或类别及其他有关事项。
			1002		报告编号	采用字母、数字混合字符组成的用以标识检测报告的完整的、格式化的一组代码，是检测报告上标注的报告唯一性标识。

164

表（续）

项目编码					项目名称	说明
物资专用信息标识代码	模块代码	表代码	字段代码	字段值代码		
			1003		检验类别	对不同检验方式进行区别分类。
				001	送检	产品送到第三方检测机构进行检验的类型。
				002	委托监试	委托第三方检测机构提供试验仪器试验人员到现场对产品进行检验的类型。
			1004		委托单位	委托检测活动的单位。
			1005		产品型号	便于使用、制造、设计等部门进行业务联系和简化技术文件中产品名称、规格、型式等叙述而引用的一种代号。
			1006		报告出具机构	应申请检验人的要求，对产品进行检验后所出具书面证明的检验机构。
			1007		报告出具日期	企业检测报告出具的年月日，采用YYYYMMDD的日期形式。
			1008		检测报告有效期至	认证证书有效期的截止年月日，采用YYYYMMDD的日期形式。
			1009		报告扫描件	用扫描仪将检测报告正本扫描得到的电子文件。
			1010		电压等级	根据传输与使用的需要按电压有效值的大小所分的若干级别。
				001	10kV	10kV电压等级。
				002	35kV	35kV电压等级。
				003	66kV	66kV电压等级。
				004	110kV	110kV电压等级。
				005	220kV	220kV电压等级。
				006	330kV	330kV电压等级。
				007	500kV	500kV电压等级。
				008	750kV	750kV电压等级。
				009	1000kV	1000kV电压等级。
				999	其他	其他电压等级。
			1011		额定电容量	设计时选用的电容值。
			1012		二次绕组数	不通过被变换电流（电流互感器）或不被施加被变换电压（电压互感器）的绕组的数量。

表（续）

项目编码					项目名称	说明
物资专用信息标识代码	模块代码	表代码	字段代码	字段值代码		
				001	1	二次绕组数为1。
				002	2	二次绕组数为2。
				003	3	二次绕组数为3。
				004	4	二次绕组数为4。
				005	5	二次绕组数为5。
				006	6	二次绕组数为6。
				007	7	二次绕组数为7。
				008	8	二次绕组数为8。
				009	>8	二次绕组数大于8。
			1013		温升试验	在规定运行条件下，确定产品的一个或多个部分的平均温度与外部冷却介质温度之差的试验。
			1014		截断冲击试验	用来验证互感器一次端在运行过程中耐受瞬态快速上升型截断雷电冲击电压的能力。
			1015		一次端冲击耐压试验—雷电冲击	用来验证设备在运行过程中耐受瞬态快速上升典型雷电冲击电压的能力。
			1016		一次端冲击耐压试验—操作冲击	用来验证设备在运行过程中耐受与开关操作相关的典型的上升时间缓慢瞬态电压的能力。
			1017		户外型互感器的湿试验	模拟自然雨对外绝缘的影响的试验。
			1018		电磁兼容（EMC）试验	一种性能试验，表示一台设备或一个系统在它的电磁环境下能满意地运行，且不对该环境中的任何物件产生过量的电磁骚扰。
			1019		准确度试验（型式试验）	在一定实验条件下多次测定的平均值与真值相符合的程度，以误差来表示。
				001	准确度试验（型式试验）测量级绕组比值差和相位差	比值差是指实际变比和额定变比不相等所引入的误差。相位差是指一次电压相量或电流相量与二次电压相量或电流相量的相位之差，相量方向是按理想互感器的相位差为零来选定的。

表（续）

项目编码					项目名称	说明
物资专用信息标识代码	模块代码	表代码	字段代码	字段值代码		
				002	0.2	测量用电压互感器的准确级，是以该准确级在额定电压和额定负荷下所规定的最大允许电压误差百分数来标称的。
				003	0.5	测量用电压互感器的准确级，是以该准确级在额定电压和额定负荷下所规定的最大允许电压误差百分数来标称的。
				004	>0.5	测量用电压互感器的准确级，是以该准确级在额定电压和额定负荷下所规定的最大允许电压误差百分数来标称的。
				005	准确度试验（型式试验）保护级绕组比值差和相位差	比值差是指实际变比和额定变比不相等所引入的误差。相位差是指一次电压相量或电流相量与二次电压相量或电流相量的相位之差，相量方向是按理想互感器的相位差为零来选定的。
				006	3P	保护用电压互感器的准确级，是以该准确级自 5%额定电压到与额定电压因数相对应电压的范围内的最大允许电压误差百分数来标称的。其后标以字母P。
				007	6P	保护用电压互感器的准确级，是以该准确级自 5%额定电压到与额定电压因数相对应电压的范围内的最大允许电压误差百分数来标称的。其后标以字母P。
				008	无	保护用电压互感器的准确级，是以该准确级自 5%额定电压到与额定电压因数相对应电压的范围内的最大允许电压误差百分数来标称的。其后标以字母P。
			1020		外壳防护等级的检验（IP 代码的检验）	按标准规定的检验方法，检验外壳对接近危险部件、防止固体异物进入或水进入所提供的保护程度。
			1021		外壳防护等级的检验（机械冲击试验 IK 代码）	外壳对设备提供的因外界机械碰撞而不使设备受到有害影响的防护（等级），并采用标准的试验方法得到验证。
			1022		环境温度下密封性能试验（适用于气体绝缘产品）	在环境温度（20℃±10℃）下验证完整互感器各气室的相对泄漏率不超过规定允许值。
			1023		压力试验（适用于气体绝缘产品，型式试验）	通过观察承压部件有无明显变形或破裂，来验证压力容器是否具有设计压力下安全运行所必需的承压能力。

表（续）

项目编码					项目名称	说明
物资专用信息标识代码	模块代码	表代码	字段代码	字段值代码		
			1024		电容量和介质损耗因数测量	电荷储藏量的测量；受正弦电压作用的绝缘结构或绝缘材料所吸收的有功功率值与无功功率绝对值之比的测量。
				001	电容量和介质损耗因数测量—电容量	电荷储藏量。
				002	电容量和介质损耗因数测量—$\tan\delta$	受正弦电压作用的绝缘结构或绝缘材料所吸收的有功功率值与无功功率绝对值之比。
			1025		短路承受能力试验	电压互感器应设计和制造成在额定电压下励磁时，能承受持续时间为1s的外部短路的机械效应和热效应而无损伤的能力的试验。
			1026		铁磁谐振试验	用来验证电容和非线性磁饱和和电感组成电路的持续谐振。
			1027		暂态响应试验（保护用电容式电压互感器）	用来验证在暂态条件下，电容式电压互感器二次电压与高压端子一次电压在波形上的保真度。
			1028		载波附件的型式试验	接在电容分压器低压端子与地之间用以注入载波信号的电路元件的型式试验。
			1029		气体露点测量（适用于气体绝缘产品）	在标准条件下，绝缘气体中水蒸气开始沉积为液体或雾状时的温度测量。
			1030		一次端工频耐压试验—电容分压器一次端工频耐压	用来验证构成交流分压器的电容器叠柱单元的一次端的交流工频电压耐受强度。
			1031		局部放电测量	对导体间绝缘介质内部所发生的局部击穿的一种放电的测量。
			1032		段间工频耐压试验	用来验证段间的交流工频电压耐受强度。
			1033		二次端工频耐压试验	用来验证二次端的交流工频电压耐受强度。
			1034		准确度试验（例行试验）	在一定实验条件下多次测定的平均值与真值相符合的程度，以误差来表示。

表（续）

项目编码					项目名称	说明
物资专用信息标识代码	模块代码	表代码	字段代码	字段值代码		
				001	准确度检验（例行试验）测量级绕组比值差和相位差	比值差是指实际变比和额定变比不相等所引入的误差。相位差是指一次电压相量或电流相量与二次电压相量或电流相量的相位之差，相量方向是按理想互感器的相位差为零来选定的。
				002	0.2	测量用电压互感器的准确级，是以该准确级在额定电压和额定负荷下所规定的最大允许电压误差百分数来标称的。
				003	0.5	测量用电压互感器的准确级，是以该准确级在额定电压和额定负荷下所规定的最大允许电压误差百分数来标称的。
				004	＞0.5	测量用电压互感器的准确级，是以该准确级在额定电压和额定负荷下所规定的最大允许电压误差百分数来标称的。
				005	准确度检验（例行试验）保护级绕组比值差和相位差	比值差是指实际变比和额定变比不相等所引入的误差。相位差是指一次电压相量或电流相量与二次电压相量或电流相量的相位之差，相量方向是按理想互感器的相位差为零来选定的。
				006	3P	保护用电压互感器的准确级，是以该准确级自5%额定电压到与额定电压因数相对应电压的范围内的最大允许电压误差百分数来标称的。其后标以字母P。
				007	6P	保护用电压互感器的准确级，是以该准确级自5%额定电压到与额定电压因数相对应电压的范围内的最大允许电压误差百分数来标称的。其后标以字母P。
				008	无	保护用电压互感器的准确级，是以该准确级自5%额定电压到与额定电压因数相对应电压的范围内的最大允许电压误差百分数来标称的。其后标以字母P。
			1035		标志的检验	检验电流互感器的铭牌标志和端子标志是否符合标准要求。
			1036		环境温度下密封性能试验	在环境温度（20℃±10℃）下验证完整互感器各气室的相对泄漏率不超过规定允许值。
			1037		压力试验（适用于气体绝缘产品，例行试验）	通过观察承压部件有无明显变形或破裂，来验证压力容器是否具有设计压力下安全运行所必需的承压能力。

表（续）

项目编码					项目名称	说明
物资专用信息标识代码	模块代码	表代码	字段代码	字段值代码		
			1038		铁磁谐振检验	用来验证电容和非线性磁饱和电感组成电路的持续谐振。
			1039		载波附件的例行试验	接在电容分压器低压端子与地之间用以注入载波信号的电路元件的例行试验。
			1040		电磁单元绝缘油性能试验	验证电磁单元绝缘油性能的试验。
			1041		传递过电压试验（特殊试验）	在规定的试验和测量条件下，验证由一次传递到二次端子的过电压值。
			1042		机械强度试验（特殊试验）	验证在规定的试验载荷作用下设备抵抗变形和破坏的能力。
			1043		低温和高温下的密封性能试验（适用于气体绝缘产品，特殊试验）	在规定的温度类别的各极限值下验证完整互感器的各气室的相对泄漏率不超过规定允许值。
			1044		温度系数测定	测量给定温度变化量下的电容和 $\tan\delta$ 的变化率。
		03			抗震试验报告数据汇总表	反映采取地震模拟振动台试验验证其抗震能力的检测报告数据内容情况的列表。
			1001		报告编号	采用字母、数字混合字符组成的用以标识检测报告的完整的、格式化的一组代码，是检测报告上标注的报告唯一性标识。
			1002		试验产品类别	将产品进行归类。
			1003		产品型号	便于使用、制造、设计等部门进行业务联系和简化技术文件中产品名称、规格、型式等叙述而引用的一种代号。
			1004		电压等级	根据传输与使用的需要按电压有效值的大小所分的若干级别。
			1005		报告出具日期	企业检测报告出具的年月日，采用 YYYYMMDD 的日期形式。
			1006		检测报告有效期至	认证证书有效期的截止年月日，采用 YYYYMMDD 的日期形式。
			1007		报告出具机构	应申请检验人的要求，对产品进行检验后所出具书面证明的检验机构。
			1008		报告扫描件	用扫描仪将检测报告正本扫描得到的电子文件

附 录 C
（规范性附录）
研 发 设 计

项目编码					项目名称	说明
物资专用信息标识代码	模块代码	表代码	字段代码	字段值代码		
略	D				**研发设计**	将需求转换为产品、过程或体系规定的特性或规范的一组过程。
		01			**设计软件一览表**	反映研发设计软件情况的列表。
			1001		设计软件类别	设计软件是一种计算机辅助工具,借助编程语言以表达并解决现实需求的设计软件的类别。
				001	仿真计算	一种仿真软件,专门用于仿真的计算机软件。
				002	结构设计	分为建筑结构设计和产品结构设计两种,其中建筑结构又包括上部结构设计和基础设计

附　录　D
（规范性附录）
生　产　制　造

项目编码					项目名称	说明
物资专用信息标识代码	模块代码	表代码	字段代码	字段值代码		
略	E				**生产制造**	生产企业整合相关的生产资源，按预定目标进行系统性的从前端概念设计到产品实现的物化过程。
		01			**生产厂房**	反映企业生产厂房属性的统称。
			1001		生产厂房所在地	生产厂房的地址，包括所属行政区划名称，乡（镇）、村、街名称和门牌号。
			1002		厂房权属情况	指厂房产权在主体上的归属状态。
				001	自有	指产权归属自己。
				002	租赁	按照达成的契约协定，出租人把拥有的特定财产（包括动产和不动产）在特定时期内的使用权转让给承租人，承租人按照协定支付租金的交易行为。
				003	部分自有	指部分产权归属自己。
			1003		厂房自有率	自有厂房面积占厂房总面积的比例。
			1004		租赁起始日期	租赁的起始年月日，采用 YYYYMMDD 的日期形式。
			1005		租赁截止日期	租赁的截止年月日，采用 YYYYMMDD 的日期形式。
			1006		厂房总面积	厂房总的面积。
			1007		封闭厂房总面积	设有屋顶，建筑外围护结构全部采用封闭式墙体（含门、窗）构造的生产性（储存性）建筑物的总面积。
			1008		是否含净化车间	具备空气过滤、分配、优化、构造材料和装置的房间，其中特定的规则的操作程序以控制空气悬浮微粒浓度，从而达到适当的微粒洁净度级别。
			1009		净化车间总面积	净化车间的总面积。
			1010		净化车间洁净度	净化车间空气环境中空气所含尘埃量多少的程度，在一般的情况下，是指单位体积的空气中所含大于等于某一粒径粒子的数量。含尘量高则洁净度低，含尘量低则洁净度高。

172

表（续）

项目编码					项目名称	说明
物资专用信息标识代码	模块代码	表代码	字段代码	字段值代码		
			1011		净化车间平均温度	净化车间的平均温度。
			1012		净化车间平均相对湿度	净化车间中水在空气中的蒸汽压与同温度同压强下水的饱和蒸汽压的比值。
			1013		净化车间洁净度检测报告扫描件	用扫描仪将净化车间洁净度检测报告进行扫描得到的电子文件。
		02			**主要生产设备**	反映企业拥有的关键生产设备的统称。
			1001		生产设备	在生产过程中为生产工人操纵的，直接改变原材料属性、性能、形态或增强外观价值所必需的劳动资料或器物。
			1002		设备类别	将设备按照不同种类进行区别归类。
			1003		设备名称	生产设备的专用称呼。
				001	箔式线圈绕制机	将铝箔或铜箔绕制成变压器线圈的机器。
				002	气相干燥设备	在真空状态下,利用煤油蒸气对变压器、电抗器、互感器器身或线圈进行加热、干燥的设备。
				003	SF_6气体回收装置	用于 SF_6 气体绝缘电器的制造、使用及科研等部门从电气设备 SF_6 室中回收、净化和储存 SF_6 气体，并能对设备气室抽真空及充入 SF_6 气体的专用设备。
				004	油处理设备	对变压器油进行脱水、脱气，并进行净化处理的设备。
				005	高压互感器真空干燥注油设备	在真空条件下，按一定速度将绝缘油注入互感器腔体中的设备。
				006	器身包扎机	用于包扎器身的生产设备。
				007	环氧树脂真空浇注设备	在真空状态下，对电机、电抗器、变压器、互感器等的线圈浇注环氧树脂的成套设备。
				008	固化炉	固化是指在电子行业及其他各种行业中，为了增强材料结合的应力而采用的零部件加热、树脂固化和烘干的生产工艺。实施固化的容器即为固化炉。
				009	元件卷制设备	对元件进行卷制的设备。
				010	元件压制设备	对元件进行压制的设备。

表（续）

项目编码					项目名称	说明
物资专用信息标识代码	模块代码	表代码	字段代码	字段值代码		
			1004		设备型号	便于使用、制造、设计等部门进行业务联系和简化技术文件中产品名称、规格、型式等叙述而引用的一种代号。
			1005		数量	设备的数量。
			1006		主要技术参数项	对生产设备的主要技术性能指标项目进行描述。
				001	绕制线圈最大外径	绕制线圈的最大外径。
				002	单台容量	指一个物体的容积的大小。
				003	充气（回收）速率	指单位时间内通过加压，使气体充入或回收到物体内体积。
				004	流量	指单位时间内流经封闭管道或明渠有效截面的流体量。
				005	最大直线卷绕长度	直线卷绕长度的最大值。
				006	料轴数量	料轴的数量。
				007	最大压制长度	压制长度的最大值。
			1007		主要技术参数值	对生产设备的主要技术性能指标数值进行描述。
			1008		设备制造商	生产设备的具体厂商，不是代理商或贸易商。
			1009		设备国产/进口	在国内/国外生产的设备。
				001	国产	在本国生产的生产设备。
				002	进口	向非本国居民购买生产或消费所需的原材料、产品、服务。
			1010		设备单价	单台设备购买的完税后价格，一般以万元为单位。
			1011		设备购买合同及发票扫描件	用扫描仪将设备购买合同及发票原件扫描得到的电子文件。
		03			**生产工艺控制**	反映生产工艺控制过程中一些关键要素的统称。
			1001		适用的产品类别	将适用的产品按照一定规则归类后，该类产品对应的适用的产品类别名称。

表（续）

项目编码					项目名称	说明
物资专用信息标识代码	模块代码	表代码	字段代码	字段值代码		
			1002		主要工序名称	对产品的质量、性能、功能、生产效率等有重要影响的工序。
				001	元件卷制	通过全自动元件卷制机卷制。
				002	电容器干燥浸渍	干燥是一种将物料置于负压条件下，并适当通过加热达到负压状态下的沸点或者通过降温使得物料凝固后通过溶点来干燥物料的干燥方式。浸渍指将产品浸入液体的工艺。
				003	芯子压装	使芯子结构定型，增加机械强度，排除内部气隙，提高电容量的稳定性，同时还可避免芯子在喷金工艺中因中心孔的导通使两极短路的工艺。
				004	铁心制作及热处理	制作铁心过程及对其热处理的过程。
				005	二次线圈绕制	二次绕组的一组串联的线匝的绕制。
				006	一次线圈绝缘包扎	一次线圈绝缘包扎过程。
				007	真空浇注	将环氧树脂和固化剂的混合料在真空环境下浇注到模具中。
				008	一次热缩	指材料受热发生收缩的行为。
				009	器身装配	将变压器类产品的铁心、线圈、引线及绝缘等组装完成整体。
				010	真空干燥处理	在真空条件下对变压器、电抗器、互感器身或线圈进行加热、干燥。
				011	成品装配	指将零件按规定的技术要求组装起来，并经过调试、检验使之成为合格产品的过程。
				012	真空注油	在真空条件下，按一定速度将绝缘油注入设备腔体中。
				013	真空充气	在真空条件下，按一定速度将气体注入设备腔体中。
				014	试验	依据规定的程序测定产品、过程或服务的一种或多种特性的技术操作。
				999	其他	其他的工序名称。
			1003		工艺文件名称	主要描述如何通过过程控制，完成最终的产品的操作文件。

表（续）

项目编码					项目名称	说明
物资专用信息标识代码	模块代码	表代码	字段代码	字段值代码		
			1004		是否具有相应记录	是否将一套工艺的整个流程用一定的方式记录下来。
			1005		整体执行情况	按照工艺要求，对范围、成本、检测、质量等方面实施情况的体现。
				001	良好	生产工艺整体执行良好。
				002	一般	生产工艺整体执行一般。
				003	较差	生产工艺整体执行较差。
			1006		工艺文件扫描件	用扫描仪将工艺文件扫描得到的电子文件

附 录 E

（规范性附录）

试 验 检 测

项目编码					项目名称	说明
物资专用信息标识代码	模块代码	表代码	字段代码	字段值代码		
略	F				**试验检测**	用规范的方法检验测试某种物体指定的技术性能指标。
		01			**试验检测设备一览表**	反映试验检测设备属性情况的列表。
			1001		试验检测设备	一种产品或材料在投入使用前，对其质量或性能按设计要求进行验证的仪器。
			1002		设备类别	将设备按照不同种类进行区别归类。
			1003		试验项目名称	为了了解产品性能而进行的试验项目的称谓。
				001	气体露点测量（适用于气体绝缘产品）	测量在标准条件下，绝缘气体中水蒸气开始沉积为液体或雾状时的温度。
				002	一次端工频耐压试验	用来验证一次端的交流工频电压耐受强度。
				003	局部放电测量	对导体间绝缘介质内部所发生的局部击穿的一种放电的测量。
				004	电容量和介质损耗因数测量	电荷储藏量的测量；受正弦电压作用的绝缘结构或绝缘材料所吸收的有功功率值与无功功率绝对值之比的测量。
				005	段间工频耐压试验	用来验证段间的交流工频电压耐受强度。
				006	二次端工频耐压试验	用来验证二次端的交流工频电压耐受强度。
				007	准确度试验（例行试验）测量级绕组比值差和相位差	比值差是指实际变比和额定变比不相等所引入的误差。相位差是指一次电压相量或电流相量与二次电压相量或电流相量的相位之差，相量方向是按理想互感器的相位差为零来选定的。
				008	准确度试验（例行试验）保护级绕组比值差和相位差	比值差是指实际变比和额定变比不相等所引入的误差。相位差是指一次电压相量或电流相量与二次电压相量或电流相量的相位之差，相量方向是按理想互感器的相位差为零来选定的。

表（续）

项目编码					项目名称	说明
物资专用信息标识代码	模块代码	表代码	字段代码	字段值代码		
				009	标志的检验	检验电流互感器的铭牌标志和端子标志是否符合标准要求。
				010	环境温度下密封性能试验	在环境温度（20℃±10℃）下验证完整互感器各气室的相对泄漏率不超过规定允许值。
				011	压力试验（适用于气体绝缘产品）（例行试验）	通过观察承压部件有无明显变形或破裂，来验证压力容器是否具有设计压力下安全运行所必需的承压能力。
				012	励磁特性测量	测量施加于二次端子或一次端子上的正弦波电压的方均根值与励磁电流方均根值之间的关系。
				013	绝缘油性能试验	验证绝缘油性能的试验。
				014	一次端工频耐压试验—电容分压器一次端工频耐压	用来验证构成交流分压器的电容器叠柱单元的一次端的交流工频电压耐受强度。
				015	铁磁谐振检验	用来验证电容和非线性磁饱和电感组成电路的持续谐振。
				016	载波附件的例行试验	接在电容分压器低压端子与地之间用以注入载波信号的电路元件的例行试验。
				017	电磁单元绝缘油性能试验	验证电磁单元绝缘油性能的试验。
			1004		设备名称	一种设备的专用称呼。
				001	试验变压器	供各种电气设备和绝缘材料做电气绝缘性能试验用的变压器。
				002	标准电压互感器	在正常使用条件下，其二次电压与一次电压实质上成正比，其相位差在连接方法正确时接近于零的互感器。
				003	局部放电测量仪	采用特定方法进行局部放电测量的专用仪器。
				004	六氟化硫微量水分仪	用于六氟化硫新气、交接及运行电气设备中六氟化硫所含微量水分的测定。
				005	六氟化硫气体检漏仪	用于六氟化硫气体绝缘电器的制造以及现场维护的专用仪器。
				006	绝缘油介电强度测试仪	测量绝缘油介电强度参数的专用测试仪器。

178

表（续）

项目编码					项目名称	说明
物资专用信息标识代码	模块代码	表代码	字段代码	字段值代码		
				007	变压器油介损测试仪	用于测量变压器油介质损耗的试验仪器，通常由电源、测量系统、电极杯、温控装置等组成。
				008	变压器油微水设备	用于测量绝缘油微水含量的试验仪器。
				009	绝缘油气相色谱分析仪	一种绝缘油气体浓度分析仪。
				010	高压介质损耗测试仪	采用高压电容电桥的原理，应用数字测量技术，对介质损耗因数和电容量进行自动测量的一种仪器。
				011	冲击电压发生器	用于电力设备等试品进行雷电冲击电压全波、雷电冲击电压截波和操作冲击电压波的冲击电压试验，检验绝缘性能的装置。
				012	铁磁谐振试验设备	用于测量铁磁谐振试验的设备。
			1005		设备型号	便于使用、制造、设计等部门进行业务联系和简化技术文件中产品名称、规格、型式等叙述而引用的一种代号。
			1006		数量	设备的数量。
			1007		主要技术参数项	描述设备的主要技术要求的项目。
				001	额定输出电压	输出端在规定条件下应达到的电压。
				002	准确度	对互感器所给定的误差等级，表示它在规定使用条件下的比值差和相位差应保持在规定的限值以内。
				003	分辨率	输出的图像的精准度。
				004	示波器精度	示波器将输入参数转换为数字值的精确程度。
				005	额定输出电压	输出端在规定条件下应达到的电压。
			1008		主要技术参数值	描述设备的主要技术要求的数值。
			1009		是否具有有效的检定证书	是否具备由法定计量检定机构对仪器设备出具的证书。
			1010		设备制造商	制造设备的生产厂商，不是代理商或贸易商。
			1011		设备国产/进口	在国内/国外生产的设备。

表（续）

项目编码					项目名称	说明
物资专用信息标识代码	模块代码	表代码	字段代码	字段值代码		
				001	国产	在本国生产的生产设备。
				002	进口	向非本国居民购买生产或消费所需的原材料、产品、服务。
			1012		设备单价	购置单台生产设备的完税后价格。
			1013		设备购买合同及发票扫描件	用扫描仪将设备购买合同及发票原件扫描得到的电子文件。
		02			**试验检测人员一览表**	反映试验检测人员情况的列表。
			1001		姓名	在户籍管理部门正式登记注册、人事档案中正式记载的姓氏名称。
			1002		资质证书名称	表明劳动者具有从事某一职业所必备的学识和技能的证书的名称。
			1003		资质证书编号	资质证书的编号或号码。
			1004		资质证书出具机构	资质评定机关的中文全称。
			1005		资质证书出具时间	资质评定机关核发资质证书的年月日，采用YYYYMMDD的日期形式。
			1006		有效期至	资质证书登记的有效期的终止日期，采用YYYYMMDD的日期形式。
			1007		资质证书扫描件	用扫描仪将资质证书正本扫描得到的电子文件。
		03			**现场抽样检测记录表**	反映现场抽样检测记录情况的列表。
			1001		适用的产品类别	实际抽样的产品可以代表的一类产品的类别。
			1002		现场抽样检测时间	现场随机抽取产品进行试验检测的具体日期,采用YYYYMMDD的日期形式。
			1003		产品类别	将产品按照一定规则归类后,该类产品对应的类别。
			1004		抽样检测产品型号	便于使用、制造、设计等部门进行业务联系和简化技术文件中产品名称、规格、型式等叙述而引用的一种代号。
			1005		抽样检测产品编号	同一类型产品生产出来后给定的用来识别某类型产品中的每一个产品的一组代码,由数字和字母或其他代码组成。

表（续）

项目编码					项目名称	说明
物资专用信息标识代码	模块代码	表代码	字段代码	字段值代码		
			1006		抽样检测项目	从欲检测的全部样品中抽取一部分样品单位进行检测的项目。
				001	气体露点测量（适用于气体绝缘产品）	测量在标准条件下，绝缘气体中水蒸气开始沉积为液体或雾状时的温度。
				002	一次端工频耐压试验	用来验证一次端的交流工频电压耐受强度。
				003	局部放电测量	对导体间绝缘介质内部所发生的局部击穿的一种放电的测量。
				004	电容量和介质损耗因数测量	电荷储藏量的测量；受正弦电压作用的绝缘结构或绝缘材料所吸收的有功功率值与无功功率绝对值之比的测量。
				005	段间工频耐压试验	用来验证段间的交流工频电压耐受强度。
				006	二次端工频耐压试验	用来验证二次端的交流工频电压耐受强度。
				007	准确度试验（例行试验）测量级绕组比值差和相位差	比值差是指实际变比和额定变比不相等所引入的误差。相位差是指一次电压相量或电流相量与二次电压相量或电流相量的相位之差，相量方向是按理想互感器的相位差为零来选定的。
				008	准确度试验（例行试验）保护级绕组比值差和相位差	比值差是指实际变比和额定变比不相等所引入的误差。相位差是指一次电压相量或电流相量与二次电压相量或电流相量的相位之差，相量方向是按理想互感器的相位差为零来选定的。
				009	标志的检验	检验电流互感器的铭牌标志和端子标志是否符合标准要求。
				010	环境温度下密封性能试验	在环境温度（20℃±10℃）下验证完整互感器各气室的相对泄漏率不超过规定允许值。
				011	压力试验（适用于气体绝缘产品）（例行试验）	通过观察承压部件有无明显变形或破裂，来验证压力容器是否具有设计压力下安全运行所必需的承压能力。
				012	励磁特性测量	施加于二次端子或一次端子上的正弦波电压的方均根值与励磁电流方均根值之间的关系测量。

表（续）

项目编码					项目名称	说明
物资专用信息标识代码	模块代码	表代码	字段代码	字段值代码		
				013	绝缘油性能试验	验证绝缘油性能的试验。
				014	一次端工频耐压试验—电容分压器一次端工频耐压	用来验证构成交流分压器的电容器叠柱单元的一次端的交流工频电压耐受强度。
				015	铁磁谐振检验	用来验证电容和非线性磁饱和电感组成电路的持续谐振。
				016	载波附件的例行试验	接在电容分压器低压端子与地之间用以注入载波信号的电路元件的例行试验。
				017	电磁单元绝缘油性能试验	验证电磁单元绝缘油性能的试验。
			1007		抽样检测结果	对抽取样品检测项目的结论/结果

附 录 F
（规范性附录）
原 材 料/组 部 件

项目编码					项目名称	说明
物资专用信息标识代码	模块代码	表代码	字段代码	字段值代码		
略	G				**原材料/组部件**	原材料指生产某种产品所需的基本原料，组部件指某种产品的组成部件。
		01			**原材料/组部件一览表**	反映原材料或组部件情况的列表。
			1001		原材料/组部件名称	生产某种产品的基本原料的名称。机械的一部分，由若干装配在一起的零件所组成，此处指产品的组成部件的名称。
				001	二次线圈	二次绕组的一组串联的线匝，通常是同轴的。
				002	复合绝缘子	一种特殊的绝缘控件，至少由两种绝缘部件，即芯体和伞套制成，并装有端部装配件的绝缘子。
				003	瓷套	用作电器内绝缘的容器，并使内绝缘免遭周围环境因素的影响。
				004	绝缘材料	用于防止导电元件之间导电的材料。
				005	一次线圈	一次绕组的一组串联的线匝，通常是同轴的。
				006	金属膨胀器	主体实际上是一个弹性元件，当互感器内变压器油的体积因温度变化而发生变化时，膨胀器主体容积发生相应的变化，起到体积补偿作用。
				007	绝缘油	用于防止导电元件之间导电的液体。
				008	壳体	能提供合适于预期用途的防护类型及其等级的壳形件。
			1002		原材料/组部件规格型号	反映原材料/组部件的性质、性能、品质等一系列的指标，一般由一组字母和数字以一定的规律编号组成如品牌、等级、成分、含量、纯度、大小（尺寸、重量）等。
			1003		原材料/组部件制造商名称	所使用的原材料/组部件的制造商的名称。
			1004		原材料/组部件国产/进口	所使用的原材料/组部件是国产或进口。

表（续）

项目编码					项目名称	说明
物资专用信息标识代码	模块代码	表代码	字段代码	字段值代码		
				001	国产	本国（中国）生产的原材料或组部件。
				002	进口	向非本国居民购买生产或消费所需的原材料、产品、服务。
			1005		检测方式	为确定某一物质的性质、特征、组成等而进行的试验，或根据一定的要求和标准来检查试验对象品质的优良程度的方式。
				001	本厂全检	指由本厂实施，根据某种标准对被检查产品进行全部检查。
				002	本厂抽检	指由本厂实施，从一批产品中按照一定规则随机抽取少量产品（样本）进行检验，据以判断该批产品是否合格的统计方法。
				003	委外全检	指委托给其他具有相关资质的单位实施，根据某种标准对被检查产品进行全部检查。
				004	委外抽检	指委托给其他具有相关资质的单位实施，从一批产品中按照一定规则随机抽取少量产品（样本）进行检验，据以判断该批产品是否合格的统计方法和理论。
				005	不检	不用检查或没有检查

附 录 G
（规范性附录）
产 品 产 能

项目编码					项目名称	说明
物资专用信息标识代码	模块代码	表代码	字段代码	字段值代码		
略	I				**产品产能**	在计划期内，企业参与生产的全部固定资产，在既定的组织技术条件下，所能生产的产品数量，或者能够处理的原材料数量。
		01			**生产能力表**	反映企业生产能力情况的列表。
			1001		产品类型	将产品按照一定规则归类后，该类产品对应的类别。
			1002		瓶颈工序名称	制约整条生产线产出量的那一部分工作步骤或工艺过程的名称。
				001	真空干燥及浸渍	在真空条件下对变压器、电抗器、互感器身或线圈进行加热、干燥。
				002	电容元件卷制	通过全自动元件卷制机卷制。
				003	芯子压装	使芯子结构定型，增加机械强度，排除内部气隙，提高电容量的稳定性，同时还可避免芯子在喷金工艺中因中心孔的导通使两极短路的工艺。
				004	真空浇注	将环氧树脂和固化剂的混合料在真空环境下浇注到模具中。
				005	试验	依据规定的程序测定产品、过程或服务的一种或多种特性的技术操作

电抗器供应商专用信息

目　　次

电抗器供应商专用信息

1 范围

本部分规定了电抗器类物资供应商的报告证书、研发设计、生产制造、试验检测、原材料/组部件和产品产能等专用信息数据规范。

本部分适用于国家电网有限公司供应商资质能力信息核实工作，以及涉及供应商数据的相关应用。

本部分适用的电抗器类物料及其物料组编码见附录 A。

2 规范性引用文件

下列文件对于本文件的应用是必不可少的。凡是注日期的引用文件，仅注日期的版本适用于本文件。凡是不注日期的引用文件，其最新版本（包括所有的修改单）适用于本文件。

GB/T 1094.1—2013　电力变压器　第 1 部分：总则

GB/T 1094.2—2013　电力变压器　第 2 部分：液浸式变压器的温升

GB/T 1094.3—2017　电力变压器　第 3 部分：绝缘水平、绝缘试验和外绝缘空气间隙

GB/T 1094.5—2008　电力变压器　第 5 部分：承受短路的能力

GB/T 1094.6—2011　电力变压器　第 6 部分：电抗器

GB/T 1094.10—2003　电力变压器　第 10 部分：声级测定

GB/T 2900.1—2008　电工术语　基本术语

GB/T 2900.5—2013　电工术语　绝缘固体、液体和气体

GB/T 2900.39—2009　电工术语　电机、变压器专用设备

GB/T 2900.94—2015　电工术语　互感器

GB/T 2900.95—2015　电工术语　变压器、调压器和电抗器

GB/T 3785.1—2010　电声学　声级计　第 1 部分：规范

GB/T 4831—2016　旋转电机产品型号编制方法

GB/T 6974.1—2008　起重机　术语　第 1 部分：通用术语

GB/T 7354—2003　局部放电测量

GB/T 15416—2014　科技报告编号规则

GB/T 19870—2018　工业检测型红外热像仪

GB/T 36104—2018　法人和其他组织统一社会信用代码数据元

JB/T 501—2006　电力变压器试验导则

JB/T 3837—2016　变压器类产品型号编制方法

JB/T 9658—2008　变压器专用设备　硅钢片纵剪生产线

JB/T 10918—2008　变压器专用设备　硅钢片横剪生产线

JB/T 11054—2010　变压器专用设备　变压法真空干燥设备

JB/T 11055—2010　变压器专用设备　环氧树脂真空浇注设备

SJ/T 11385—2008　绝缘电阻测试仪通用规范

DL/T 396—2010　电压等级代码

DL/T 419—2015　电力用油名词术语

DL/T 432—2018　电力用油中颗粒度测定方法

DL/T 462—1992　高压并联电抗器用串联电抗器订货技术条件

DL/T 703—2015　绝缘油中含气量的气相色谱测定法

DL/T 845.3—2004　电阻测量装置通用技术条件　第 3 部分：直流电阻测试仪

DL/T 846.4—2016　高电压测试设备通用技术条件　第 4 部分：脉冲电流法局部放电测量仪

DL/T 846.7—2016　高电压测试设备通用技术条件　第 7 部分：绝缘油介电强度测试仪

DL/T 848.5—2004　高压试验装置通用技术条件　第 5 部分：冲击电压发生器

DL/T 849.6—2016　电力设备专用测试仪器通用技术条件　第 6 部分：高压谐振试验装置

DL/T 962—2005　高压介质损耗测试仪通用技术条件

DL/T 1305—2013　变压器油介损测试仪通用技术条件

3　术语和定义

下列术语和定义适用于本文件。

3.1

报告证书　report certificate

具有相应资质、权力的机构或机关等发的证明资格或权力的文件。

3.2

研发设计　research and development design

将需求转换为产品、过程或体系规定的特性或规范的一组过程。

3.3

生产制造　production-manufacturing

生产企业整合相关的生产资源,按预定目标进行系统性的从前端概念设计到产品实现的物化过程。

3.4

试验检测　test verification

用规范的方法检验测试某种物体指定的技术性能指标。

3.5

原材料/组部件 raw material and components

指生产某种产品所需的基本原料或组成部件。

3.6

产品产能 product capacity

在计划期内，企业参与生产的全部固定资产，在既定的组织技术条件下，所能生产的产品数量。

4 符号和缩略语

下列符号和缩略语适用于本文件。

4.1 符号

kV：电压单位。

MΩ：电阻单位。

pF：电容单位。

$\tan\delta$：介质损耗因数。

kW：功率单位。

A：电流单位。

K：温度单位。

℃：温度单位。

dB［A］：噪声分贝单位。

mg/L：含水量。

t：重量单位。

kN：力学单位。

L/h：流量单位。

Pa：压强单位。

m^2：面积单位。

mm：长度单位。

pC：局部放电量单位。

4.2 缩略语

IVPD：带局部放电测量的感应电压试验。

LTAC：线端交流耐压试验。

I_N：设计电抗器时所采用的工频电流有效值。

X_N：额定电抗。

5 报告证书

报告证书包括并联电抗器检测报告数据表及限流和中性点电抗器检测报告数据表，报告证书见附录B。

5.1 并联电抗器检测报告数据表

并联电抗器检测报告数据表包括物料描述、报告编号、委托单位、报告出具时间、有效期至、报告出具机构、报告扫描件、产品型号、电压等级、额定容量、相数、绝缘方式、使用环境、铁心形式、散热器布置方式、控制方式、绕组电阻测量（绕组三相不平衡率）、环境温度下的损耗测量、电抗测量、外施耐压试验、感应耐压试验/匝间绝缘耐受电压试验、带局部放电测量的感应电压试验（IVPD）、线端交流耐压试验（LTAC）、雷电冲击试验、操作冲击试验、绕组对地的绝缘电阻测量（绕组对地绝缘电阻）、吸收比测量（绕组对地吸收比）、极化指数测量（绕组对地极化指数）、铁心和夹件绝缘检查、绕组对地电容测量（绕组对地电容）、绝缘系统电容的介质损耗因数（$\tan\delta$）测量（绕组对地 $\tan\delta$）、温升试验、振动测量［最大振幅μm（峰－峰值）］、声级测定、局部放电测量（局部放电量最大值，适用于干式铁心电抗器）、风扇和油泵所消耗功率测量（风扇和油泵电机总功率）、绝缘液试验、油中溶解气体测量（试验前后油中溶解气体应无明显变化）、压力密封试验（油浸式电抗器）、线性度测定（电抗值偏差的绝对值的最大值）、谐波电流测量。

5.2 限流和中性点电抗器检测报告数据表

限流和中性点电抗器检测报告数据表包括物料描述、报告编号、检验类别、委托单位、产品制造单位、报告出具机构、报告出具时间、报告扫描件、产品型号、电压等级、额定电流、电抗值、相数、绝缘方式、使用环境、铁心形式、绕组电阻测量、阻抗测量/电抗测量、环境温度下的损耗测量、外施耐压试验、绕组过电压试验、雷电冲击试验、绕组对地的绝缘电阻测量（绕组对地绝缘电阻）、绕组对地电容测量（油浸式电抗器）、绝缘系统电容的介质损耗因数 $\tan\delta$［测量绕组对地 $\tan\delta$（%），适用于油浸式电抗器］、温升试验、声级测定、绝缘液试验、压力密封试验（油浸式电抗器）、振动测量［最大振幅μm（峰－峰值）］、短路电流试验。

6 研发设计

研发设计包括设计软件一览表，研发设计信息见附录C。

6.1 设计软件一览表

设计软件一览表包括设计软件类别。

7 生产制造

生产制造主要包括生产厂房、主要生产设备、生产工艺控制、关键岗位持证人员一览表，生产制造信息见附录D。

7.1 生产厂房

生产厂房所在地、厂房权属情况、厂房自有率、租赁起始日期、租赁截止日期、厂区总面积、封闭厂房总面积、是否含净化车间、净化车间总面积、净化车间洁净度、净化车间平均温度、净化车间平均相对湿度、净化车间洁净度检测报告扫描件。

7.2 主要生产设备

主要生产设备包括生产设备、设备类别、设备名称、设备型号、数量、单位、主要技

术参数项、主要技术参数值、设备制造商、设备国产/进口、设备单价、设备购买合同及发票扫描件。

7.3 生产工艺控制

生产工艺控制包括适用的产品类别、主要工序名称、工艺文件名称、是否具有相应记录、主要关键措施、保障提升产品性能质量的作用、整体执行情况、工艺文件扫描件。

7.4 关键岗位持证人员一览表

关键岗位持证人员一览表包括岗位名称。

8 试验检测

试验检测包括试验检测设备一览表、试验检测人员一览表、现场抽样检测记录表，试验检测信息见附录 E。

8.1 试验检测设备一览表

试验检测设备一览表包括试验检测设备、设备类别、试验项目名称、设备名称、设备型号、数量、单位、主要技术参数项、主要技术参数值、设备单价、设备购买合同及发票扫描件、设备制造商、设备国产/进口、是否具有有效的检定证书。

8.2 试验检测人员一览表

试验检测人员一览表包括姓名、资质证书名称、资质证书编号、资质证书出具机构、资质证书出具时间、有效期至、资质证书扫描件。

8.3 现场抽样检测记录表

现场抽样检测记录表包括适用的产品类别、现场抽样检测时间、产品类别、抽样检测产品型号、抽样检测产品编号、抽样检测项目、抽样检测结果、备注。

9 原材料/组部件

原材料/组部件包括原材料/组部件一览表，原材料/组部件信息见附录 F。

9.1 原材料/组部件一览表

原材料/组部件一览表包括原材料/组部件名称、原材料/组部件规格型号、原材料/组部件制造商名称、原材料/组部件国产/进口、原材料/组部件供应方式、原材料/组部件采购方式、原材料/组部件供货周期、检测方式。

10 产品产能

产品产能包括生产能力表，产品产能信息见附录 G。

10.1 生产能力表

生产能力表包括产品类型、瓶颈工序名称。

附 录 A
（规范性附录）
适用的物资及物资专用信息标识代码

物资类别	物料所属大类	物资所属中类	物资名称	物资专用信息标识代码
电抗器	一次设备	电抗器	并联电抗器	G1012002
电抗器	一次设备	电抗器	限流电抗器	G1012014

附 录 B
（规范性附录）
报 告 证 书

项目编码					项目名称	说明
物资专用信息标识代码	模块代码	表代码	字段代码	字段值代码		
略	C				**报告证书**	具有相应资质、权力的机构或机关等发的证明资格或权力的文件。
		01			**并联电抗器检测报告数据表**	反映并联电抗器检测报告数据内容情况的列表。
			1001		物料描述	以简短的文字、符号或数字、号码来代表物料、品名、规格或类别及其他有关事项。
			1002		报告编号	采用字母、数字混合字符组成的用以标识检测报告的完整的、格式化的一组代码，是检测报告上标注的报告唯一性标识。
			1003		委托单位	委托检测活动的单位。
			1004		报告出具时间	企业检测报告出具的年月日，采用YYYYMMDD的日期形式。
			1005		有效期至	认证证书有效期的截止年月日，采用YYYYMMDD的日期形式。
			1006		报告出具机构	应申请检验人的要求，对产品进行检验后所出具书面证明的检验机构。
			1007		报告扫描件	用扫描仪将检测报告正本扫描得到的电子文件。
			1008		产品型号	便于使用、制造、设计等部门进行业务联系和简化技术文件中产品名称、规格、型式等叙述而引用的一种代号。
			1009		电压等级	根据传输与使用的需要，按电压有效值的大小所分的若干级别。
				001	10kV	10kV 电压等级。
				002	20kV	20kV 电压等级。
				003	35kV	35kV 电压等级。
				004	66kV	66kV 电压等级。
				005	110kV	110kV 电压等级。

表（续）

项目编码					项目名称	说明
物资专用信息标识代码	模块代码	表代码	字段代码	字段值代码		
				006	220kV	220kV 电压等级。
				007	330kV	330kV 电压等级。
				008	500kV	500kV 电压等级。
				009	750kV	750kV 电压等级。
				010	1000kV	1000kV 电压等级。
				999	其他	其他电压等级。
			1010		额定容量	标注在绕组上的视在功率的指定值，与该绕组的额定电压一起决定其额定电流。
			1011		相数	构成多相绕组的一个相的线匝组合的数量。
				001	单相	线匝组合只有一个相线。
				002	三相	线匝组合包含全部三个相线。
			1012		绝缘方式	绕组外绝缘介质的形式。
				001	油浸	铁心和绕组浸在绝缘液体中的电抗器。
				002	干式	铁心和绕组不浸在绝缘液体中的电抗器。
			1013		使用环境	设备安装与使用位置。
				001	户内	设备安装与使用位置在室内。
				002	户外	设备安装与使用位置在室外。
			1014		铁心形式	变压器类产品的磁路部分的结构形式，一般采用硅钢片制作。
				001	空心	铁心的构成形式。
				002	铁心	铁心的构成形式。
				003	半铁心	铁心的构成形式。
			1015		散热器布置方式	散热器组成和布置方式。
				001	分体式	散热器组成和布置方式。
				002	一体式	散热器组成和布置方式。
				003	无散热器	散热器组成和布置方式。
			1016		控制方式	并联电抗器的控制方式。
				001	可控	电感量可控。
				002	不可控	电感量不可控。

表（续）

项目编码					项目名称	说明
物资专用信息标识代码	模块代码	表代码	字段代码	字段值代码		
			1017		绕组电阻测量（绕组三相不平衡率）	以三相电阻的最大值与最小值之差为分子、三相电阻的平均值为分母进行计算。
			1018		环境温度下的损耗测量	环境温度下测量在额定频率和参考温度下以额定电流运行时的损耗。
				001	参考温度	试验时参考点的温度。
				002	损耗	在额定频率和参考温度下以额定电流运行时的损耗。
			1019		电抗测量	当忽略阻扰的电阻成分时，测量额定端电压和实测电流（有效值）的比值。
				001	与额定电抗值的偏差	实测电抗值与额定电抗值的偏差。
				002	三个相的电抗与额定电抗值的偏差的绝对值的最大值	三个相的电抗与额定电抗值的偏差的绝对值的最大值。
				003	每相电抗与三个相电抗平均值间的偏差的绝对值的最大值	每相电抗与三个相电抗平均值间的偏差的绝对值的最大值。
			1020		外施耐压试验	用来验证线端和中性点端子以及和它所连接的绕组对地及对其他绕组的交流电压耐受强度的试验，试验电压施加在绕组所有的端子上，包括中性点端子。
			1021		感应耐压试验/匝间绝缘耐受电压试验	用来验证线端和它所连接的绕组对地及对其他绕组的交流耐受强度的试验，同时也验证相间和被试绕组纵绝缘的交流电压耐受强度。
			1022		带局部放电测量的感应电压试验（IVPD）	用来验证变压器正常运行条件下不会发生有害的局部放电的试验。
				001	PD 测量电压	局部放电的电压测量。
				002	PD 测量电压下高压端子局部放电量最大值	PD 测量电压下高压端子局部放电量最大值。
			1023		线端交流耐压试验（LTAC）	用来验证每个线端对地的交流电压耐受强度，试验时电压施加在一个或多个绕组线端，本试验允许分级绝缘变压器线端施加适合该线端的电压。

表（续）

项目编码					项目名称	说明
物资专用信息标识代码	模块代码	表代码	字段代码	字段值代码		
			1024		雷电冲击试验	验证设备在运行过程中耐受瞬态快速上升典型雷电冲击电压的能力，用来验证被试变压器的雷电冲击耐受强度。
			1025		操作冲击试验	用来验证线端和它所连接的绕组对地及对其他绕组的操作冲击耐受强度，同时也验证相间和被试绕组纵绝缘的操作冲击耐受强度。
			1026		绕组对地的绝缘电阻测量（绕组对地绝缘电阻）	在规定条件下，测量用绝缘材料隔开的两个导电元件之间的电阻。
			1027		吸收比测量（绕组对地吸收比）	测量绝缘结构件在60s时测出的绝缘电阻值与15s时测出的绝缘电阻值之比。
			1028		极化指数测量（绕组对地极化指数）	测量绝缘结构件在10min时测出的绝缘电阻值与1min时测出的绝缘电阻值之比。
			1029		铁心和夹件绝缘检查	在铁心、夹件、油箱用绝缘分开的所有油浸式变压器上进行的检查。
			1030		绕组对地电容测量（绕组对地电容）	绕组与地之间、各绕组之间电容值的测量。
			1031		绝缘系统电容的介质损耗因数（tanδ）测量（绕组对地tanδ）	测量绝缘系统电容受正弦电压作用的绝缘结构或绝缘材料所吸收的有功功率值与无功功率绝对值之比。
			1032		温升试验	在规定运行条件下，确定产品的一个或多个部分的平均温度与外部冷却介质温度之差的试验。
				001	顶层油温升	顶层液体温度与外部冷却介质温度之差。
				002	绕组平均温升	绕组平均温度与外部冷却介质温度之差。
				003	绕组热点温升	绕组热点温度与外部冷却介质温度之差。
				004	油箱热点温升	油箱热点温度与外部冷却介质温度之差。
			1033		振动测量［最大振幅 μm（峰-峰值）］	检测振动的最大变化范围。

表（续）

项目编码					项目名称	说明
物资专用信息标识代码	模块代码	表代码	字段代码	字段值代码		
			1034		声级测定	空载声级水平的测定，此时，所有在额定功率下运行时需要的冷却设备应投入运行。
				001	声压级（0.3m 或 1m）	声压平方与基准声压平方之比的以 10 为底的对数乘以 10，单位为分贝（dB）。
				002	声功率级（0.3m 或 1m）	给出的声功率与基准声功率之比的以 10 为底的对数乘以 10，单位为分贝（dB）。
				003	声压级（2m）	声压平方与基准声压平方之比的以 10 为底的对数乘以 10，单位为分贝（dB）。
				004	声功率级（2m）	给出的声功率与基准声功率之比的以 10 为底的对数乘以 10，单位为分贝（dB）。
			1035		局部放电测量（局部放电量最大值，适用干式铁心电抗器）	发生在电极之间，但并未贯通的放电最大值测量，这种放电可以在导体附近发生，也可以不在导体附近发生。
			1036		风扇和油泵所消耗功率测量（风扇和油泵电机总功率）	风扇和油泵电机总功率（kW）。
			1037		绝缘液试验	验证绝缘液性能的试验。
				001	击穿电压（油浸式电抗器适用）	在规定的试验条件下或在使用中发生击穿时的电压。
				002	$\tan\delta\,90℃$（油浸式电抗器适用）	受正弦电压作用的绝缘结构或绝缘材料所吸收的有功功率值与无功功率绝对值之比。
				003	含水量（油浸式电抗器适用）	存在于油品中的水含量。
				004	含气量（油浸式电抗器适用）	单位体积绝缘液体中所溶解气体的体积，一般以百分比表示。
			1038		油中溶解气体测量（试验前后油中溶解气体应无明显变化）	在油浸式电抗器类产品抽取一定量的油样并用气相色谱分析法测出油中溶解气体的成分和含量。
			1039		压力密封试验（油浸式电抗器）	用以证明电抗器在运行时不会泄漏的试验。

表（续）

项目编码					项目名称	说明
物资专用信息标识代码	模块代码	表代码	字段代码	字段值代码		
		02	1040		线性度测定（电抗值偏差的绝对值的最大值）	电抗测量应按照 GB/T 1094.6《电力变压器　第 6 部分：电抗器》规定的方法，在不超过 $0.7U_r$、$0.9U_r$、U_r 和 U_{max} 或其他不高于最高运行电压，或在供需双方商定的略高于这些电压的电压下测量。
			1041		谐波电流测量	在额定电压或按要求的最高运行电压下，用谐波分析仪测量的电流。
					限流和中性点电抗器检测报告数据表	反映限流和中性点电抗器检测报告数据内容情况的列表。
			1001		物料描述	以简短的文字、符号或数字、号码来代表物料、品名、规格或类别及其他有关事项。
			1002		报告编号	采用字母、数字混合字符组成的用以标识检测报告的完整的、格式化的一组代码，是检测报告上标注的报告唯一性标识。
			1003		检验类别	按不同检验方式进行区别分类。
				001	送检	产品送到第三方检测机构进行检验的类型。
				002	委托监试	委托第三方检测机构提供试验仪器试验人员到现场对产品进行检验的类型。
			1004		委托单位	委托检测活动的单位。
			1005		产品制造单位	检测报告中送检样品的生产制造单位。
			1006		报告出具机构	应申请检验人的要求，对产品进行检验后所出具书面证明的检验机构。
			1007		报告出具时间	企业检测报告出具的年月日，采用 YYYYMMDD 的日期形式。
			1008		报告扫描件	用扫描仪将检测报告正本扫描得到的电子文件。
			1009		产品型号	便于使用、制造、设计等部门进行业务联系和简化技术文件中产品名称、规格、型式等叙述而引用的一种代号。
			1010		电压等级	根据传输与使用的需要，按电压有效值的大小所分的若干级别。
				001	10kV	10kV 电压等级。
				002	20kV	20kV 电压等级。

表（续）

项目编码					项目名称	说明
物资专用信息标识代码	模块代码	表代码	字段代码	字段值代码		
				003	35kV	35kV 电压等级。
				004	66kV	66kV 电压等级。
				005	110kV	110kV 电压等级。
				006	220kV	220kV 电压等级。
				007	330kV	330kV 电压等级。
				008	500kV	500kV 电压等级。
				009	750kV	750kV 电压等级。
				010	1000kV	1000kV 电压等级。
				999	其他	其他电压等级。
			1011		额定电流	设计电抗器时所采用的工频电流有效值，用 I_N 表示。
			1012		电抗值	工频额定电压下的电抗值，用 X_N 表示。
			1013		相数	构成多相绕组的一个相的线匝组合的数量。
				001	单相	线匝组合只有一个相线。
				002	三相	线匝组合包含全部三个相线。
			1014		绝缘方式	绕组外绝缘介质的形式。
				001	油浸	铁心和绕组浸在绝缘液体中的电抗器。
				002	干式	铁心和绕组不浸在绝缘液体中的电抗器。
			1015		使用环境	设备安装与使用位置。
				001	户内	设备安装与使用位置在室内。
				002	户外	设备安装与使用位置在室外。
			1016		铁心形式	变压器类产品的磁路部分的结构形式，一般采用硅钢片制作。
				001	空心	铁心的构成形式。
				002	铁心	铁心的构成形式。
				003	半铁心	铁心的构成形式。
			1017		绕组电阻测量	高压绕组直流电阻不平衡率最大值测量。

表（续）

项目编码					项目名称	说明
物资专用信息标识代码	模块代码	表代码	字段代码	字段值代码		
			1018		阻抗测量/电抗测量	测量当忽略阻扰的电阻成分时，电抗为额定端电压和实测电流（有效值）的比值。
				001	阻抗测量值	阻抗测量值的大小。
				002	阻抗偏差	阻抗测量的偏差。
			1019		环境温度下的损耗测量	环境温度下测量在额定频率和参考温度下以额定电流运行时的损耗。
				001	参考温度	试验时参考点的温度。
				002	损耗	在额定频率和参考温度下以额定电流运行时的损耗。
			1020		外施耐压试验	用来验证线端和中性点端子以及和它所连接的绕组对地及对其他绕组的交流电压耐受强度的试验，试验电压施加在绕组所有的端子上，包括中性点端子。
			1021		绕组过电压试验	按照降低绕组绝缘水平进行的雷电冲击试验，一般用于绕组是降低绝缘的。
			1022		雷电冲击试验	验证设备在运行过程中耐受瞬态快速上升典型雷电冲击电压的能力，用来验证被试变压器的雷电冲击耐受强度。
			1023		绕组对地的绝缘电阻测量（绕组对地绝缘电阻）	各绕组对地直流绝缘电阻。
			1024		绕组对地电容测量（油浸式电抗器）	测量绕组对地电容。
			1025		绝缘系统电容的介质损耗因数 $\tan\delta$［测量绕组对地 $\tan\delta(\%)$，适用于油浸式电抗器］	测量绕组对地电容损耗因数 $\tan\delta$ 值。
			1026		温升试验	在规定运行条件下，确定产品的一个或多个部分的平均温度与外部冷却介质温度之差的试验。
				001	顶层油温升	顶层液体温度与外部冷却介质温度之差。
				002	绕组平均温升	绕组平均温度与外部冷却介质温度之差。

表（续）

项目编码					项目名称	说明
物资专用信息标识代码	模块代码	表代码	字段代码	字段值代码		
				003	绕组热点温升	绕组热点温度与外部冷却介质温度之差。
			1027		声级测定	空载声级水平的测定，此时，所有在额定功率下运行时需要的冷却设备应投入运行。
				001	声压级	声压平方与基准声压平方之比的以 10 为底的对数乘以 10，单位为分贝（dB）。
				002	声功率级	给出的声功率与基准声功率之比的以 10 为底的对数乘以 10，单位为分贝（dB）。
			1028		绝缘液试验	验证绝缘液性能的试验。
				001	击穿电压（油浸式电抗器适用）	在规定的试验条件下或在使用中发生击穿时的电压。
				002	tanδ 90℃（油浸式电抗器适用）	受正弦电压作用的绝缘结构或绝缘材料所吸收的有功功率值与无功功率绝对值之比。
				003	含水量（油浸式电抗器适用）	存在于油品中的水含量。
			1029		压力密封试验（油浸式电抗器）	用以证明电抗器在运行时不会泄漏的试验。
			1030		振动测量［最大振幅 μm（峰—峰值）］	检测振动的最大变化范围。
			1031		短路电流试验	电抗器及其组件和附件应设计制造成能在规定的条件下承受外部短路的热和动稳定效应而无损伤的试验。
				001	试验电压及电流波形应无异常迹象	试验电压及电流波形应无异常迹象。
				002	吊心/实体检查应无明显缺陷	吊心/实体检查应无明显缺陷。
				003	重复例行试验	重复例行试验

附　录　C

（规范性附录）

研　发　设　计

项目编码					项目名称	说明
物资专用信息标识代码	模块代码	表代码	字段代码	字段值代码		
略	D				**研发设计**	将需求转换为产品、过程或体系规定的特性或规范的一组过程。
		01			**设计软件一览表**	反映研发设计软件情况的列表。
			1001		设计软件类别	一种计算机辅助工具，借助编程语言以表达并解决现实需求的设计软件的类别。
				001	仿真计算	一种仿真软件，专门用于仿真的计算机软件。
				002	结构设计	分为建筑结构设计和产品结构设计两种，其中建筑结构又包括上部结构设计和基础设计

附 录 D
（规范性附录）
生 产 制 造

项目编码					项目名称	说明
物资专用信息标识代码	模块代码	表代码	字段代码	字段值代码		
略	E				**生产制造**	生产企业整合相关的生产资源，按预定目标进行系统性的从前端概念设计到产品实现的物化过程。
		01			**生产厂房**	反映企业生产厂房属性的统称。
			1001		生产厂房所在地	生产厂房的地址，包括所属行政区划名称，乡（镇）、村、街名称和门牌号。
			1002		厂房权属情况	指厂房产权在主体上的归属状态。
				001	自有	指产权归属自己。
				002	租赁	按照达成的契约协定，出租人把拥有的特定财产（包括动产和不动产）在特定时期内的使用权转让给承租人，承租人按照协定支付租金的交易行为。
				003	部分自有	指部分产权归属自己。
			1003		厂房自有率	自有厂房面积占厂房总面积的比例。
			1004		租赁起始日期	租赁的起始年月日，采用 YYYYMMDD 的日期形式。
			1005		租赁截止日期	租赁的截止年月日，采用 YYYYMMDD 的日期形式。
			1006		厂区总面积	厂区的总面积。
			1007		封闭厂房总面积	设有屋顶，建筑外围护结构全部采用封闭式墙体（含门、窗）构造的生产性（储存性）建筑物的总面积。
			1008		是否含净化车间	具备空气过滤、分配、优化、构造材料和装置的房间，其中特定的规则的操作程序以控制空气悬浮微粒浓度，从而达到适当的微粒洁净度级别。
			1009		净化车间总面积	净化车间的总面积。
			1010		净化车间洁净度	净化车间空气环境中空气所含尘埃量多少的程度，在一般的情况下，是指单位体积的空气中所含大于等于某一粒径粒子的数量，含尘量高则洁净度低，含尘量低则洁净度高。

表（续）

项目编码					项目名称	说明
物资专用信息标识代码	模块代码	表代码	字段代码	字段值代码		
			1011		净化车间平均温度	净化车间的平均温度。
			1012		净化车间平均相对湿度	净化车间中水在空气中的蒸汽压与同温度同压强下水的饱和蒸汽压的比值。
			1013		净化车间洁净度检测报告扫描件	用扫描仪将净化车间洁净度检测报告进行扫描得到的电子文件。
		02			**主要生产设备**	反映企业拥有的关键生产设备的统称。
			1001		生产设备	在生产过程中为生产工人操纵的，直接改变原材料属性、性能、形态或增强外观价值所必需的劳动资料或器物。
			1002		设备类别	将设备按照不同种类进行区别归类。
				001	铁心制造设备	用于铁心制造专用设备。
				002	线圈制造设备	用于线圈制造的专用设备。
				003	绝缘处理设备	用于电抗器绝缘部分处理的设备。
				999	其他	其他设备类别。
			1003		设备名称	一种设备的专用称呼。
				001	横向剪切设备	按一定长度及片型剪切硅钢片的成套设备。
				002	纵向剪切设备	能完成硅钢片开卷、纵剪、收卷等全过程的成套设备；用装在两平行回转轴上的多组圆盘剪刀进行连续纵向剪切硅钢片的机器。
				003	铁心饼加工设备	用于铁心饼加工的专用设备。
				004	叠装（翻转）台	供变压器铁心叠装，并使铁心翻转起立的设备。
				005	立式绕线机	主轴中心线与机器安装平面垂直的绕线机器。
				006	卧式绕线机	主轴中心线与机器安装平面平行的绕线机器。
				007	轴向压紧设备	将绕制成的线圈轴向压制成设计尺寸的机器。
				008	树脂真空浇注设备	在真空状态下，对电机、电抗器、变压器、互感器等的线圈浇注环氧树脂的成套设备。

表（续）

项目编码					项目名称	说明
物资专用信息标识代码	模块代码	表代码	字段代码	字段值代码		
				009	固化炉（干式铁心）	在电子行业及其他各种行业中，为了增强材料结合的应力而采用的零部件加热、树脂固化和烘干的生产工艺的设备。
				010	玻璃纤维浸胶设备	将织物通过胶液浸槽，使织物纤维浸上胶浆，以提高织物与胶料的熟结力的浸胶设备。
				011	线圈包封绕制设备	用涂刷、浸涂、喷涂等方法将热塑料性或热固性树脂施加在制件上，并使其外表面全部被包覆而作为保护涂层或绝缘层的一种作业的设备。
				012	固化炉（干式空心）	在电子行业及其他各种行业中，为了增强材料结合的应力而采用的零部件加热、树脂固化和烘干的生产工艺的设备。
				013	绝缘加工中心	通过多轴联动加工变压器绝缘件的设备。
				014	变压法干燥炉	在真空状态下，有规律地改变真空自在内压力和混度以提高干燥效率的真空干燥设备。
				015	煤油气相干燥炉	在真空状态下，利用煤油蒸气对变压器、电抗器、互感器器身或线圈进行加热、干燥的设备。
				016	器身装配架	变压器制造行业用于大中型变压装配的专业设备，本设备一般由面对面对称布置的两个架体组成，两侧架体均可独立动作，完成各自工作平台在高度方向和水平方向位置的调整，以满足变压器装配时对操作位置的不同要求。
				017	起重设备（行车）	用吊钩或其他取物装置吊装重物，在空间进行升降与运移等循环性作业的机械设备。
				018	真空滤油机（组）	在真空状态下，对变压器油进行脱水、脱气，并进行净化处理的机器。
				019	真空机组	由真空脱气机、真空泵和离心泵组成，通过抽取空气达到真空条件，可以保持产品质量。
				999	其他类别设备	其他类别的生产设备。

表（续）

项目编码					项目名称	说明
物资专用信息标识代码	模块代码	表代码	字段代码	字段值代码		
			1004		设备型号	便于使用、制造、设计等部门进行业务联系和简化技术文件中产品名称、规格、型式等叙述而引用的一种代号。
			1005		数量	设备的数量。
			1006		单位	设备的单位。
			1007		主要技术参数项	对生产设备的主要技术性能指标项目进行描述。
				001	最大剪切宽度	硅钢片横剪生产线最大剪切宽度。
				002	最大卷料宽度	硅钢片纵剪生产线最大卷料宽度。
				003	额定负荷	铁心叠装翻转台的正常工作的负荷。
				004	最大载重	绕线机能安全使用所允许的最大载荷。
				005	额定压力	线圈压床在满足设备正常工作需求下的最大压力。
				006	浇注罐直径	通过浇注罐中心到边上两点间的距离。
				007	容积	箱子、油桶、仓库等所能容纳物体的体积。
				008	最大载重	线圈包封绕制设备能安全使用所允许的最大载荷。
				009	有效容积	变压法真空干燥设备用于干燥罐有效容积的立方米数表示。
				010	煤油蒸发器功	气相干燥设备煤油蒸发器单位时间内所做的功。
				011	最大起重量	起重设备（行车）实际允许的起吊最大负荷量，以吨（t）为单位。
				012	公称流量	真空滤油机允许长期使用的流量。
				013	极限压力	真空设备可以抽到的压力的极限数值。
			1008		主要技术参数值	对生产设备的主要技术性能指标数值进行描述。
			1009		设备制造商	制造设备的生产厂商，不是代理商或贸易商。
			1010		设备国产/进口	在国内/国外生产的设备。
				001	国产	在本国生产的生产设备。
				002	进口	向非本国居民购买生产或消费所需的原材料、产品、服务。

<h3 style="text-align:center">表（续）</h3>

项目编码					项目名称	说明
物资专用信息标识代码	模块代码	表代码	字段代码	字段值代码		
			1011		设备单价	购置单台生产设备的完税后价格。
			1012		设备购买合同及发票扫描件	用扫描仪将设备购买合同及发票原件扫描得到的电子文件。
		03			**生产工艺控制**	反映生产工艺控制过程中一些关键要素的统称。
			1001		适用的产品类别	将适用的产品按照一定规则归类后，该类产品对应的适用的产品类别名称。
			1002		主要工序名称	对产品的质量、性能、功能、生产效率等有重要影响的工序。
				001	铁心剪切	将冷轧取向硅钢片的卷料和板料剪切成铁心片。
				002	铁心叠装	将剪切完整的硅钢片按照要求进行叠片。
				003	铁心饼制作	将叠片好的硅钢片处理成铁心饼。
				004	夹件制作	通过焊接制造铁心上、下轭夹件。
				005	星形架制作	采用焊接或其他工艺制作星形架。
				006	玻璃纤维浸胶	浸胶是织物通过胶液浸槽，使织物纤维浸上胶浆，以提高织物与胶料的熟结力。
				007	线圈包封绕制	按照要求包封绕制电抗器各个线圈。
				008	线圈绕制	按照要求包封绕制电抗器各个线圈。
				009	线圈压装及干燥	通过设备将线圈轴向压紧并进行干燥处理。
				010	真空浇注	将环氧树脂和固化剂的混合料在真空环境下浇注到模具中。
				011	线圈固化	在烘房中通过高温使环氧树脂凝固。
				012	绝缘件制作	生产制作新的绝缘零件。
				013	器身装配	主要进行变压器线圈、绝缘件的套装，它不仅将绕组套在铁心柱的外面，还要完成大部分主绝缘的装配。
				014	器身干燥	变压器在器身引线装配完成后，进行器身干燥。
				015	油箱制作	通过焊接制造变压器上下节油箱。
				016	总装配	把变压器所有零件组装起来的工序，是变压器制造的最后工序。

表（续）

项目编码					项目名称	说明
物资专用信息标识代码	模块代码	表代码	字段代码	字段值代码		
				017	真空注油	在真空条件下，按一定速度将绝缘油注入设备腔体中。
				018	静放	变压器注油完成后静置一段时间再进行试验。
				019	试验	依据规定的程序测定产品、过程或服务的一种或多种特性的技术操作。
				999	其他	包装等其他工序。
			1003		工艺文件名称	主要描述如何通过过程控制，完成最终的产品的操作文件名称。
			1004		是否具有相应记录	是否将一套工艺的整个流程用一定的方式记录下来。
			1005		主要关键措施	工艺文件中关于质量和产量的关键步骤。
			1006		保障提升产品性能质量的作用	工艺文件中对保障提升产品性能质量的作用。
			1007		整体执行情况	贯彻施行、实际履行的情况。
				001	良好	生产工艺整体执行良好。
				002	一般	生产工艺整体执行一般。
				003	较差	生产工艺整体执行较差。
			1008		工艺文件扫描件	用扫描仪将工艺文件扫描得到的电子文件。
		04			**关键岗位持证人员一览表**	反映关键岗位持证人员特征情况的列表。
			1001		岗位名称	从事岗位的具体名称

附　录　E

（规范性附录）

试　验　检　测

项目编码					项目名称	说明
物资专用信息标识代码	模块代码	表代码	字段代码	字段值代码		
略	F				试验检测	用规范的方法检验测试某种物体指定的技术性能指标。
		01			试验检测设备一览表	反映试验检测设备属性情况的列表。
			1001		试验检测设备	一种产品或材料在投入使用前，对其质量或性能按设计要求进行验证的仪器。
			1002		设备类别	将设备按照不同种类进行区别归类。
			1003		试验项目名称	为了了解产品性能而进行的试验项目的称谓。
				001	绕组电阻测量	高压绕组直流电阻不平衡率最大值的测量。
				002	电抗测量	额定端电压和实测电流（有效值）的比值测量。
				003	环境温度下的损耗测量	环境温度下测量额定频率和参考温度下以额定电流运行时的损耗。
				004	外施耐压试验	用来验证线端和中性点端子以及和它所连接的绕组对地及对其他绕组的交流电压耐受强度的试验，试验电压施加在绕组所有的端子上，包括中性点端子。
				005	感应耐压试验	用来验证线端和它所连接的绕组对地及对其他绕组的交流耐受强度的试验，同时也验证相间和被试绕组纵绝缘的交流电压耐受强度。
				006	雷电冲击试验	验证设备在运行过程中耐受瞬态快速上升典型雷电冲击电压的能力用来验证被试变压器的雷电冲击耐受强度。
				007	操作冲击试验	用来验证设备在运行过程中耐受与开关操作相关的典型的上升时间缓慢瞬态电压的能力的试验；用来验证线端和它所连接的绕组对地及对地及对其他绕组的操作冲击耐受强度的试验，同时也验证相间和被试绕组纵绝缘的操作冲击耐受强度。

表（续）

项目编码					项目名称	说明
物资专用信息标识代码	模块代码	表代码	字段代码	字段值代码		
				008	绝缘电阻测量	在规定条件下，测量用绝缘材料隔开的两个导电元件之间的电阻。
				009	电容及介质损耗因素测量	绕组对地和绕组间电容测量及受正弦电压作用的绝缘结构或绝缘材料所吸收的有功功率值与无功功率绝对值之比测量。
				010	绝缘油试验	验证绝缘液性能的试验。
				011	局部放电测量	发生在电极之间，但并未贯通的放电测量；这种放电可以在导体附近发生，也可以不在导体附近发生。
				012	阻抗测量（电抗测量）	额定端电压和实测电流（有效值）的比值测量。
				013	绕组过电压试验（匝间过电压试验）	用于验证绕组匝间的过电压耐受强度的试验。
				999	其他	其他的试验项目。
			1004		设备名称	一种设备的专用称呼。
				001	绝缘电阻测试仪	由交流电网或电池供电，通过电子电路进行信号变换和处理，对电气设备、绝缘材料和绝缘结构等的绝缘性能进行检测和试验的仪器。绝缘电阻测试仪按其指示装置分为模拟式（指针式）和数字式两种。
				002	整体介质损耗测试仪	采用高压电容电桥的原理，应用数字测量技术，对介质损耗因数和电容量进行自动测量的一种仪器。
				003	直流电阻测试仪	采用四端钮伏安测量原理，能直接显示直流电阻值的一种仪器。
				004	功率分析仪	用于测量功率的仪器。
				005	高压介损电桥	主要用于测量高压工业绝缘材料的介质损失角的正切值及电容量的设备。
				006	高压标准电容器	用来测量电容器、电缆、套管、绝缘子、变压器绕组及绝缘材料的电容和介质损耗角正切值（$\tan\delta$）的设备。
				007	电压互感器	在正常使用条件下，其二次电压与一次电压实质上成正比，且其相位差在连接方法正确时接近于零的互感器。

表（续）

项目编码					项目名称	说明
物资专用信息标识代码	模块代码	表代码	字段代码	字段值代码		
				008	电流互感器	在正常使用条件下，其二次电流与一次电流实质上成正比，且其相位差在连接方法正确时接近于零的互感器。
				009	声级计	由传声器、信号处理器和显示器组成的设备。
				010	振动测量仪	测量物体振动量大小的仪器，在桥梁、建筑、地震等领域有广泛的应用，振动检测仪还可以和加速度传感器组成振动测量系统，对物体加速度、速度和位移进行测量。
				011	局部放电测试仪	采用特定方法进行局部放电测量的专用仪器。
				012	红外热像仪	通过红外光学系统、红外探测器及电子处理系统，将物体表面红外辐射转换成可见图像的设备。
				013	油耐压测试仪	测量绝缘油介电强度参数的专用测试仪器。
				014	绝缘油介损测试仪	用于测量变压器油介质损耗的试验仪器，通常由电源、测量系统、电极杯、温控装置等组成。
				015	绝缘油中微水含量测试仪	用于测量绝缘油微水含量的试验仪器。
				016	绝缘油中含气量测试仪	用于测量绝缘油气体浓度的试验仪器。
				017	油色谱分析仪	用于测量绝缘油不同粒径的颗粒分别进行计数的试验仪器。
				018	套管瓷瓶探伤装置	能快速便捷、无损伤、精确地对瓷瓶、瓷柱、瓷套、绝缘子等工件内部多种缺陷（裂纹、夹杂、气孔等）的检测、定位、评估和诊断的设备。
				019	冲击电压发生器	用于电力设备等试品进行雷电冲击电压全波、雷电冲击电压截波和操作冲击电压波的冲击电压试验，检验绝缘性能的装置。
				020	标准分压器	电容式分压器：仅由电容器构成的分压器。

表（续）

项目编码					项目名称	说明
物资专用信息标识代码	模块代码	表代码	字段代码	字段值代码		
				021	脉冲放电匝间绝缘试验装置	主要用于测试电机定子线包，单绕组或多绕组线圈层间是否有短路故障的专用测试仪器。
				022	试验变压器（外施耐压试验用）	供各种电气设备和绝缘材料做电气绝缘性能试验用的变压器。
				023	工频发电机组	将其他形式的能源转换成电能的机械设备，输出电源频率为50Hz。
				024	中频发电机组	一般对外提供频率为100Hz、125Hz、150Hz、200Hz，电压为0～800V的三相交流电源；也称作倍频耐压机、倍频耐压试验装置和三倍频耐压试验装置。
				025	中间变压器	能起到变换电压和电流，变换相数和相位及变换频率等作用的设备，升压用中间变压器是最为广泛的一种。
				026	电容补偿装置（电容塔）	用于补偿无功功率，改善功率因数的装置。
				027	调压器	在规定条件下，输出电压可在一定范围内连续、平滑、无级调节的特殊变压器。
				028	变频电源	可在一定范围内调整输出电能频率的变压器。
				029	串联谐振试验装置	通过调整试验回路中的电感、电容或（和）电源频率，使其达到谐振状态的试验装置，串联谐振是谐振电路的一种连接方式。
				999	其他类别设备	其他类别的设备。
			1005		设备型号	便于使用、制造、设计等部门进行业务联系和简化技术文件中产品名称、规格、型式等叙述而引用的一种代号。
			1006		数量	试验检测设备的数量。
			1007		单位	试验检测设备的单位。
			1008		主要技术参数项	描述设备的主要技术要求的项目。
				001	最大量程	能测量的物理量的最大值。
				002	最大测量电流	能测量的电流的最大值。
				003	通道数	测量通道数量。

表（续）

项目编码					项目名称	说明
物资专用信息标识代码	模块代码	表代码	字段代码	字段值代码		
				004	额定电压	由制造商对一电气设备在规定的工作条件下所规定的电压。
				005	额定容量	指铭牌上所标明的电机或电器在额定工作条件下能长期持续工作的容量。
				006	总容量	电容器的总容量。
			1009		主要技术参数值	描述设备的主要技术要求的数值。
			1010		设备单价	购置单台生产设备的完税后价格。
			1011		设备购买合同及发票扫描件	用扫描仪将设备购买合同及发票原件扫描得到的电子文件。
			1012		设备制造商	制造设备的生产厂商，不是代理商或贸易商。
			1013		设备国产/进口	在国内/国外生产的设备。
				001	国产	在本国生产的生产设备。
				002	进口	向非本国居民购买生产或消费所需的原材料、产品、服务。
			1014		是否具有有效的检定证书	是否具备由法定计量检定机构对仪器设备出具的证书。
				001	是	具有有效的检定证书。
				002	否	没有有效的检定证书。
		02			**试验检测人员一览表**	反映试验检测人员情况的列表。
			1001		姓名	在户籍管理部门正式登记注册、人事档案中正式记载的姓氏名称。
			1002		资质证书名称	表明劳动者具有从事某一职业所必备的学识和技能的证书的名称。
			1003		资质证书编号	资质证书的编号或号码。
			1004		资质证书出具机构	资质评定机关的中文全称。
			1005		资质证书出具时间	资质评定机关核发资质证书的年月日，采用 YYYYMMDD 的日期形式。
			1006		有效期至	资质证书登记的有效期的终止日期，采用 YYYYMMDD 的日期形式。

表（续）

项目编码					项目名称	说明
物资专用信息标识代码	模块代码	表代码	字段代码	字段值代码		
			1007		资质证书扫描件	用扫描仪将资质证书正本扫描保存在电脑里面，以电子文件的形式展现出来的资质证书。
		03			**现场抽样检测记录表**	反映现场抽样检测记录情况的列表。
			1001		适用的产品类别	实际抽样的产品可以代表的一类产品的类别。
			1002		现场抽样检测时间	现场随机抽取产品进行试验检测的具体日期，采用 YYYYMMDD 的日期形式。
			1003		产品类别	将产品按照一定规则归类后，该类产品对应的类别。
			1004		抽样检测产品型号	便于使用、制造、设计等部门进行业务联系和简化技术文件中产品名称、规格、型式等叙述而引用的一种代号。
			1005		抽样检测产品编号	同一类型产品生产出来后给定的用来识别某类型产品中的每一个产品的一组代码，由数字和字母或其他代码组成。
			1006		抽样检测项目	从欲检测的全部样品中抽取一部分样品单位进行检测的项目。
				001	绕组电阻测量	高压绕组直流电阻不平衡率最大值测量。
				002	电抗测量	额定端电压和实测电流（有效值）的比值测量。
				003	环境温度下的损耗测量	环境温度下测量额定频率和参考温度下以额定电流运行时的损耗。
				004	外施耐压试验	用来验证线端和中性点端子以及和它所连接的绕组对地及对其他绕组的交流电压耐受强度的试验，试验电压施加在绕组所有的端子上，包括中性点端子。
				005	感应耐压试验	用来验证线端和它所连接的绕组对地及对其他绕组的交流耐受强度的试验，同时也验证相间和被试绕组纵绝缘的交流电压耐受强度。
				006	雷电冲击试验	验证设备在运行过程中耐受瞬态快速上升型雷电冲击电压的能力，用来验证被试变压器的雷电冲击耐受强度。

表（续）

项目编码					项目名称	说明
物资专用信息标识代码	模块代码	表代码	字段代码	字段值代码		
				007	操作冲击试验	用来验证设备在运行过程中耐受与开关操作相关的典型的上升时间缓慢瞬态电压的能力的试验；用来验证线端和它所连接的绕组对地及对地及对其他绕组的操作冲击耐受强度的试验，同时也验证相间和被试绕组纵绝缘的操作冲击耐受强度。
				008	绝缘电阻测量	在规定条件下，测量用绝缘材料隔开的两个导电元件之间的电阻。
				009	电容及介质损耗因素测量	绕组对地和绕组间电容测量及受正弦电压作用的绝缘结构或绝缘材料所吸收的有功功率值与无功功率绝对值之比测量。
				010	绝缘油试验	验证绝缘液性能的试验。
				011	局部放电测量	发生在电极之间，但并未贯通的放电测量；这种放电可以在导体附近发生，也可以不在导体附近发生。
				012	阻抗测量（电抗测量）	额定端电压和实测电流（有效值）的比值测量。
				013	绕组过电压试验（匝间过电压试验）	用于验证绕组匝间的过电压耐受强度的试验。
				999	其他	其他的试验项目。
			1007		抽样检测结果	对抽取样品检测项目的结论/结果。
			1008		备注	额外的说明

附 录 F
（规范性附录）
原 材 料/组 部 件

物资专用信息标识代码	模块代码	表代码	字段代码	字段值代码	项目名称	说明
略	G				**原材料/组部件**	原材料指生产某种产品所需的基本原料；组部件指某种产品的组成部件。
		01			**原材料/组部件一览表**	反映原材料或组部件情况的列表。
			1001		原材料/组部件名称	生产某种产品的基本原料的名称，或产品的组成部件的名称。
				001	硅钢片	一种含碳极低的硅铁软磁合金，一般含硅量为0.5%～4.5%，加入硅可提高铁的电阻率和最大磁导率，降低矫顽力、铁心损耗（铁损）和磁时效。
				002	电磁线	构成与变压器、电抗器或调压器标注的某一电压值相对的电气线路的一组线匝。
				003	绝缘油	具有良好的介电性能，适用于电气设备的油品。
				004	套管	由导电杆和套形绝缘件组成的一种组件，用它使其内的导体穿过如墙壁或油箱一类的结构件，并构成导体与此结构件之间的电气绝缘。
				005	储油柜	为适应油箱内电抗器油体积变化而设立的一个与变压器油箱相通的容器。
				006	散热器	指通过一定的方法将运行中的电抗器所产生的热量散发出去的装置。
			1002		原材料/组部件规格型号	反映原材料/组部件的性质、性能、品质等一系列的指标，一般由一组字母和数字以一定的规律编号组成如品牌、等级、成分、含量、纯度、大小（尺寸、重量）等。
			1003		原材料/组部件制造商名称	所使用的原材料/组部件的制造商的名称。
			1004		原材料/组部件国产/进口	所使用的原材料/组部件是国产或进口。
				001	国产	本国（中国）生产的原材料或组部件。

表（续）

项目编码					项目名称	说明
物资专用信息标识代码	模块代码	表代码	字段代码	字段值代码		
				002	进口	向非本国居民购买生产或消费所需的原材料、产品、服务。
			1005		原材料/组部件供应方式	获得原材料/组部件的方式。
				001	自制	自行制订；自己制造。
				002	外协	外包的一种形式，主要指受组织控制，由外协单位使用自己的场地、工具等要素，按组织提供的原材料、图纸、检验规程、验收准则等进行产品和服务的生产和提供，并由组织验收的过程。
				003	外购	向外界购买，是为了与外包相对应而出现的词汇，其实含义与采购相同，只是外购在国际贸易中用的更多。
				999	其他	其他的供应方式。
			1006		原材料/组部件采购方式	采购原材料/组部件的方式。
				001	招标采购	指采购方作为招标方，事先提出采购的条件和要求，邀请众多企业参加投标，然后由采购方按照规定的程序和标准一次性地从中择优选择交易对象，并与提出最有利条件的投标方签订协议的过程。
				002	长期合作	从长期合作单位采购。
				003	短期合作	从短期合作单位采购。
				999	其他	其他原材料/组部件的方式。
			1007		原材料/组部件供货周期	原材料/组部件接受到客户订单到货物生产完毕，可以装船（或者交运）的时间。
				001	签订合同后半个月内	原材料/组部件供货周期为签订合同后半个月内。
				002	签订合同后半个月到1个月	原材料/组部件供货周期为签订合同后半个月到1个月。
				003	签订合同后1到3个月	原材料/组部件供货周期为签订合同后1到3个月。
				004	签订合同后3到6个月	原材料/组部件供货周期为签订合同后3到6个月。

表（续）

项目编码					项目名称	说明
物资专用信息标识代码	模块代码	表代码	字段代码	字段值代码		
				005	签订合同后 6 到 12 个月	原材料/组部件供货周期为签订合同后 6 到 12 个月。
				006	签订合同后 12 个月以上	原材料/组部件供货周期为签订合同后 12 个月以上。
			1008		检测方式	为确定某一物质的性质、特征、组成等而进行的试验，或根据一定的要求和标准来检查试验对象品质的优良程度的方式。
				001	本厂全检	指由本厂实施，根据某种标准对被检查产品进行全部检查。
				002	本厂抽检	指由本厂实施，从一批产品中按照一定规则随机抽取少量产品（样本）进行检验，据以判断该批产品是否合格的统计方法。
				003	委外全检	指委托给其他具有相关资质的单位实施，根据某种标准对被检查产品进行全部检查。
				004	委外抽检	指委托给其他具有相关资质的单位实施，从一批产品中按照一定规则随机抽取少量产品（样本）进行检验，据以判断该批产品是否合格的统计方法和理论。
				005	不检	不用检查或没有检查

附　录　G
（规范性附录）
产　品　产　能

项目编码					项目名称	说明
物资专用信息标识代码	模块代码	表代码	字段代码	字段值代码		
略	I				**产品产能**	在计划期内，企业参与生产的全部固定资产，在既定的组织技术条件下，所能生产的产品数量，或者能够处理的原材料数量。
		01			**生产能力表**	反映企业生产能力情况的列表。
			1001		产品类型	将产品按照一定规则归类后，该类产品对应的类别。
			1002		瓶颈工序名称	制约整条生产线产出量的那一部分工作步骤或工艺过程名称。
				001	铁心制造	铁心制造的过程。
				002	线圈绕制	按照要求绕制变压器各个线圈。
				003	器身干燥	变压器在器身引线装配完成后，进行器身干燥。
				004	线圈绕制	按照要求绕制变压器各个线圈。
				005	线圈浇注	将环氧树脂和固化剂的混合料在真空环境下浇注到模具中。
				006	线圈固化	在烘房中通过高温使环氧树脂凝固。
				007	例行试验	对制造中或完工后的每一个产品所进行的符合性试验

消弧线圈、接地变压器及成套装置供应商专用信息

目　　次

消弧线圈、接地变压器及成套装置供应商专用信息

1 范围

本部分规定了消弧线圈、接地变压器及成套装置类物资供应商的报告证书、研发设计、生产制造、试验检测、原材料/组部件和产品产能等专用信息数据规范。

本部分适用于国家电网有限公司供应商资质能力信息核实工作，以及涉及供应商数据的相关应用。

本部分适用的消弧线圈、接地变压器及成套装置类物料及其物料组编码见附录 A。

2 规范性引用文件

下列文件对于本文件的应用是必不可少的。凡是注日期的引用文件，仅注日期的版本适用于本文件。凡是不注日期的引用文件，其最新版本（包括所有的修改单）适用于本文件。

GB 1094.1—2013 电力变压器 第 1 部分：总则

GB 1094.2—2013 电力变压器 第 2 部分：液浸式变压器的温升

GB 1094.5—2008 电力变压器 第 5 部分：承受短路的能力

GB/T 1094.3—2017 电力变压器 第 3 部分：绝缘水平、绝缘试验和外绝缘空气间隙

GB/T 1094.6—2011 电力变压器 第 6 部分：电抗器

GB/T 1094.10—2003 电力变压器 第 10 部分：声级测定

GB/T 2900.1—2008 电工术语 基本术语

GB/T 2900.5—2013 电工术语 绝缘固体、液体和气体

GB/T 2900.39—2009 电工术语 电机、变压器专用设备

GB/T 2900.94—2015 电工术语 互感器

GB/T 2900.95—2015 电工术语 变压器、调压器和电抗器

GB/T 3785.1—2010 电声学 声级计 第 1 部分：规范

GB/T 4831—2016 旋转电机产品型号编制方法

GB/T 6974.1—2008 起重机 术语 第 1 部分 通用术语

GB/T 7354—2003 局部放电测量

GB/T 15416—2014 科技报告编号规则

GB/T 36104—2018 基础法人和其他组织统一社会信用代码数据元

DL/T 396—2010 电压等级代码

DL/T 419—2015 电力用油名词术语

DL/T 462—1994　高压并联电抗器用串联电抗器订货技术条件

DL/T 845.3—2004　电阻测量装置通用技术条件　第 3 部分：直流电阻测试仪

DL/T 846.4—2016　高电压测试设备通用技术条件　第 4 部分：脉冲电流法局部放电测量仪

DL/T 846.7—2016　高电压测试设备通用技术条件　第 7 部分：绝缘油介电强度测

DL/T 848.5—2004　高压试验装置通用技术条件　第 5 部分：冲击电压发生器

DL/T 849.6—2016　电力设备专用测试仪器通用技术条件　第 6 部分：高压谐振试验装置

DL/T 962—2005　高压介质损耗测试仪通用技术条件

DL/T 963—2005　变压比测试仪通用技术条件

DL/T 1305—2013　变压器油介损测试仪通用技术条件

DL/T 1507—2007　自动跟踪补偿消弧线圈成套装置技术条件

JB/T 501—2006　电力变压器试验导则

JB/T 3837—2016　变压器类产品型号编制方法

JB/T 9658—2008　变压器专用设备　硅钢片纵剪生产线

JB/T 11054—2010　变压器专用设备　变压法真空干燥设备

JB/T 11055—2010　变压器专用设备　环氧树脂真空浇注设备

SJ/T 11385—2008　绝缘电阻测试仪通用规范

3　术语和定义

下列术语和定义适用于本文件。

3.1

报告证书　report certificate

具有相应资质、权力的机构或机关等发的证明资格或权力的文件。

3.2

研发设计　research and development design

将需求转换为产品、过程或体系规定的特性或规范的一组过程。

3.3

生产制造　production-manufacturing

生产企业整合相关的生产资源，按预定目标进行系统性的从前端概念设计到产品实现的物化过程。

3.4

试验检测　test verification

用规范的方法检验测试某种物体指定的技术性能指标。

3.5

原材料/组部件　raw material and components

指生产某种产品所需的基本原料或组成部件。

3.6

产品产能 product capacity

在计划期内，企业参与生产的全部固定资产，在既定的组织技术条件下，所能生产的产品数量。

4 符号和缩略语

下列符号和缩略语适用于本文件。

4.1 符号

s：时间单位。

t：重量单位。

mm：长度单位。

m^3：体积单位。

kV：电压单位。

kW：功率单位。

pC：局部放电量单位。

dB：分贝。

t：重量单位。

℃：温度单位。

Hz：频率单位。

L/h：流量单位。

Mvar：无功功率单位。

4.2 缩略语

$\tan\delta$：两个模量比。

5 报告证书

报告证书包括接地变压器检测报告数据表、消弧线圈［本体（含控制器）］检测报告数据表、消弧线圈接地变压器成套装置检测报告数据表，报告证书见附录 B。

5.1 接地变压器检测报告数据表

接地变压器检测报告数据表包括物料描述、报告编号、检验类别、委托单位、报告出具时间、检测报告有效期至、报告出具机构、报告扫描件、产品型号、电压等级、额定容量、绝缘方式、绕组电阻测量、绕组对地及绕组间直流绝缘电阻测量、电压比测量和联结组标号检定（有二次绕组时）零序阻抗测量、空载损耗和空载电流测量、外施耐压试验/工频耐压试验、感应耐压试验、雷电冲击试验、短路阻抗和负载损耗测量/阻抗电压、短路损耗测量（有二次绕组时）、温升试验、绝缘油试验、声级测量/声级测定、局部放电测量（干式接地变压器，局部放电量最大值）、额定短时中性点电流耐受能力试验、当二次绕组短路时的消弧线圈短路试验（有二次绕组时）。

5.2 消弧线圈［本体（含控制器）］检测报告数据表

消弧线圈［本体（含控制器）］检测报告数据表包括物料描述、报告编号、检验类别、委托单位、报告出具时间、检测报告有效期至、报告出具机构、报告扫描件（消弧线圈本体）、产品型号、电压等级、额定容量、绝缘方式、使用环境、调谐、配套控制器型号、报告扫描件（控制器）、绕组电阻测量、绝缘电阻测量、绕组对地电容测量（油浸式消弧线圈）、绝缘系统电容的介质损耗因数（$\tan\delta$）测量（油浸式消弧线圈，主绕组对地 $\tan\delta$）、电压比测量（有二次绕组时，电压比偏差的绝对值的最大值）、辅助绕组和二次绕组空载电压测量（有辅助绕组和二次绕组时）、电流测量、外施耐压试验、辅助绕组、二次绕组以及控制、测量回路的外施耐压试验、感应耐压试验、分接开关、铁心气隙调整机构或任何其他开关设备以及与控制和测量有关的设备的操作试验、绝缘油试验、压力密封试验（油浸式消弧线圈）、局部放电测量（干式消弧线圈，局部放电量）、雷电冲击试验、温升试验、声级测定、损耗测量、磁化特性测量/线性度测量/电压－电流特性曲线测定（最小电流位置线性度偏差的绝对值的最大值）。

5.3 消弧线圈接地变压器成套装置检测报告数据表

消弧线圈接地变压器成套装置检测报告数据表包括物料描述、报告编号、检验类别、委托单位、产品制造单位、报告出具机构、报告出具时间、报告扫描件、检测报告有效期至、产品型号、型号（成套装置）、型号（消弧线圈本体）、型号（接地变压器）、型号（控制器）、电压等级、接地变压器额定容量、额定电流、绝缘方式、调谐、系统电容电流测量及跟踪功能试验、电流调节试验、最大谐波电流输出值测量、模拟单次单相接地故障试验、模拟间歇性单相接地故障试验。

6 研发设计

研发设计包括设计软件一览表，研发设计信息见附录 C。

6.1 设计软件一览表

设计软件一览表包括设计软件类别。

7 生产制造

生产制造主要包括生产厂房、主要生产设备表、生产工艺控制，生产制造信息见附录 D。

7.1 生产厂房

生产厂房包括生产厂房所在地、厂房权属情况、厂房自有率、厂房总面积、封闭厂房总面积。

7.2 主要生产设备

主要生产设备包括生产设备、设备类别、设备名称、设备型号、数量、主要技术参数项、主要技术参数值、设备制造商、设备国产/进口、设备单价、设备购买合同及发票扫描件。

7.3 生产工艺控制

生产工艺控制包括适用的产品类别、主要工序名称、工艺文件名称、主要关键措施、保障提升产品性能质量的作用、是否具有相应记录、整体执行情况、工艺文件扫描件。

8 试验检测

试验检测包括试验检测设备一览表、试验检测人员一览表、现场抽样检测记录表，试验检测信息见附录 E。

8.1 试验检测设备一览表

试验检测设备一览表包括试验检测设备、设备类别、试验项目名称、设备名称、设备型号、数量、主要技术参数项、主要技术参数值、是否具有有效的检定证书、设备制造商、设备国产/进口、设备单价、设备购买合同及发票扫描件。

8.2 试验检测人员一览表

试验检测人员一览表包括姓名、资质证书名称、资质证书编号、资质证书出具机构、资质证书出具时间、有效期至、资质证书扫描件。

8.3 现场抽样检测记录表

现场抽样检测记录表包括适用的产品类别、现场抽样检测时间、产品类别、抽样检测产品型号、抽样检测产品编号、抽样检测项目、抽样检测结果、备注。

9 原材料/组部件

原材料/组部件包括原材料/组部件一览表，原材料/组部件信息见附录 F。

9.1 原材料/组部件一览表

原材料/组部件一览表包括原材料/组部件名称、原材料/组部件规格型号、原材料/组部件制造商名称、原材料/组部件国产/进口、原材料/组部件供应方式、原材料/组部件采购方式、原材料/组部件供货周期、检测方式。

10 产品产能

产品产能包括生产能力表，产品产能信息见附录 G。

10.1 生产能力表

生产能力表包括产品类型、瓶颈工序名称。

附 录 A

（规范性附录）

适用的物资及物资专用信息标识代码

物资类别	物料所属大类	物资所属中类	物资名称	物资专用信息标识代码
消弧线圈、接地变压器及成套装置	一次设备	消弧线圈、接地变压器及成套装置	消弧线圈接地变压器成套装置	G1013001
消弧线圈、接地变压器及成套装置	一次设备	消弧线圈、接地变压器及成套装置	接地变压器	G1013002
消弧线圈、接地变压器及成套装置	一次设备	消弧线圈、接地变压器及成套装置	消弧线圈	G1013003

附　录　B
（规范性附录）
报　告　证　书

项目编码					项目名称	说明
物资专用信息标识代码	模块代码	表代码	字段代码	字段值代码		
略	C				报告证书	具有相应资质、权力的机构或机关等发的证明资格或权力的文件。
		01			接地变压器检测报告数据表	反映接地变压器检测报告数据内容情况的列表。
			1001		物料描述	以简短的文字、符号或数字、号码来代表物料、品名、规格或类别及其他有关事项的一种管理工具。
			1002		报告编号	采用字母、数字混合字符组成的用以标识检测报告的完整的、格式化的一组代码，是检测报告上标注的报告唯一性标识。
			1003		检验类别	按不同检验方式进行区别分类。
				001	送检	产品送到第三方检测机构进行检验的类型。
				002	委托监试	委托第三方检测机构提供试验仪器试验人员到现场对产品进行检验的类型。
			1004		委托单位	委托检测活动的单位。
			1005		报告出具时间	企业检测报告出具的年月日，采用YYYYMMDD的日期形式。
			1006		检测报告有效期至	认证证书有效期的截止年月日，采用YYYYMMDD的日期形式。
			1007		报告出具机构	应申请检验人的要求，对产品进行检验后所出具书面证明的检验机构。
			1008		报告扫描件	用扫描仪将检测报告正本扫描得到的电子文件。
			1009		产品型号	便于使用、制造、设计等部门进行业务联系和简化技术文件中产品名称、规格、型式等叙述而引用的一种代号。
			1010		电压等级	根据传输与使用的需要按电压有效值的大小所分的若干级别。
				001	10kV	10kV 电压等级。

表（续）

项目编码					项目名称	说明
物资专用信息标识代码	模块代码	表代码	字段代码	字段值代码		
				002	20kV	20kV 电压等级。
				003	35kV	35kV 电压等级。
				004	66kV	66kV 电压等级。
				005	110kV	110kV 电压等级。
				006	220kV	220kV 电压等级。
				007	330kV	330kV 电压等级。
				008	500kV	500kV 电压等级。
				009	750kV	750kV 电压等级。
				010	1000kV	1000kV 电压等级。
				999	其他	其他电压等级。
			1011		额定容量	标注在绕组上的视在功率的指定值，与该绕组的额定电压一起决定其额定电流。
			1012		绝缘方式	绕组外绝缘介质的形式。
				001	油浸	铁心和绕组浸在绝缘液体中的接地变压器。
				002	干式	铁心和绕组不浸在绝缘液体中的接地变压器。
			1013		绕组电阻测量	绕组直流电阻的测量。
				001	主绕组不平衡率最大值	以主绕组三相电阻的最大值与最小值之差为分子、三相电阻的平均值为分母进行计算，二次绕组直流电阻不平衡率最大值（如果有）。
				002	二次绕组不平衡率最大值	以二次绕组三相电阻的最大值与最小值之差为分子、三相电阻的平均值为分母进行计算，二次绕组直流电阻不平衡率最大值（如果有）。
			1014		绕组对地及绕组间直流绝缘电阻测量	测量在规定条件下，用绝缘材料隔开的两个导电元件之间的电阻。
			1015		电压比测量和联结组标号检定（有二次绕组时）	对一个绕组的额定电压与另一个具有较低或相等额定电压绕组的额定电压之比的测量；对用一组字母及钟时序数来表示变压器高压、中压（如果有）和低压绕组的联结方式以及中压、低压绕组对高压绕组相对相位移的通用标号的检定。

表（续）

项目编码					项目名称	说明
物资专用信息标识代码	模块代码	表代码	字段代码	字段值代码		
				001	电压比偏差的绝对值的最大值（%）	高压绕组与低压绕组电压之比偏差的绝对值的最大值。
				002	联结组标号	用一组字母及钟时序数来表示变压器高压、中压（如果有）和低压绕组的联结方式以及中压、低压绕组对高压绕组相对相位移的通用标号。
			1016		零序阻抗测量	测量三相电流当相序为零时绕组中的阻抗。
				001	零序阻抗测量值	三相电流当相序为零时绕组中阻抗的测量值。
				002	零序阻抗与额定值的偏差（%）	三相电流当相序为零时绕组中阻抗的测量值与额定值的偏差。
			1017		空载损耗和空载电流测量	测量当额定频率下的额定电压（分接电压）施加到一个绕组的端子上，其他绕组开路时所吸取的有功功率和流经该绕组线路端子的电流方均根值。
				001	空载损耗	当额定频率下的额定电压（分接电压）施加到一个绕组的端子上，其他绕组开路时所吸取的有功功率。
				002	空载电流［%］	当额定频率下的额定电压（分接电压）施加到一个绕组的端子上，其他绕组开路时流经该绕组线路端子的电流方均根值。
			1018		外施耐压试验/工频耐压试验	用来验证线端和中性点端子以及和它所连接的绕组对地及对其他绕组的交流电压耐受强度，试验电压施加在绕组所有的端子上，包括中性点端子。
			1019		感应耐压试验	用来验证线端和它所连接的绕组对地及对其他绕组的交流耐受强度，同时也验证相间和被试绕组纵绝缘的交流电压耐受强度。
			1020		雷电冲击试验	对变压器绕组的端子上施加一种模拟真实的雷电波形的冲击波，以此观察变压器或其他电气设备在此种冲击波的作用下能否通过（或破坏）考验。
			1021		短路阻抗和负载损耗测量/阻抗电压、短路损耗测量（有二次绕组时）	一对绕组中某一绕组端子间的在额定功率及参考温度下的等值串联阻抗测量 $Z = R + jX$，单位为欧姆；在一对绕组中，当额定电流（分接电流）流经一个绕组的线路端子，且另一绕组短路时在额定频率及参考温度下所吸取的有功功率测量。

表（续）

项目编码					项目名称	说明
物资专用信息标识代码	模块代码	表代码	字段代码	字段值代码		
				001	参考温度	损耗测量时的参考温度。
				002	负载损耗	高压绕组与二次绕组之间主分接上的负载损耗。
				003	短路阻抗	高压绕组与二次绕组之间主分接上的短路阻抗。
			1022		温升试验	在规定运行条件下，确定产品的一个或多个部分的平均温度与外部冷却介质温度之差的试验。
				001	顶层油温升	顶层液体温度与外部冷却介质温度之差。
				002	主绕组绕组平均温升	主绕组绕组平均温度与外部冷却介质温度之差。
				003	二次绕组绕组平均温升	二次绕组绕组平均温度与外部冷却介质温度之差。
			1023		绝缘油试验	验证绝缘液性能的试验。
				001	击穿电压（油浸式接地变压器适用）	在规定的试验条件下或在使用中发生击穿时的电压。
				002	$\tan\delta\,90℃$（油浸式接地变压器适用）	受正弦电压作用的绝缘结构或绝缘材料所吸收的有功功率值与无功功率绝对值之比。
			1024		声级测量/声级测定	对空载声级水平的测量，此时，所有在额定功率下运行时需要的冷却设备应投入运行。
				001	声压级	声压平方与基准声压平方之比的以10为底的对数乘以10，单位为分贝（dB）。
				002	声功率级	给出的声功率与基准声功率之比的以10为底的对数乘以10，单位为分贝（dB）。
			1025		局部放电测量（干式接地变压器，局部放电量最大值）	发生在电极之间，但并未贯通的放电测量，这种放电可以在导体附近发生，也可以不在导体附近发生。
			1026		额定短时中性点电流耐受能力试验	通过试验或参考对类似产品的试验来验证耐受额定短时中性点电流机械作用的能力。
				001	试验电压及电流波形应无异常迹象	额定短时中性点电流耐受能力试验过程中试验电压及电流波形的情况。

表（续）

项目编码					项目名称	说明
物资专用信息标识代码	模块代码	表代码	字段代码	字段值代码		
				002	吊心/实体检查应无明显缺陷	额定短时中性点电流耐受能力试验后吊心/实体检查应无明显缺陷。
				003	重复例行试验及雷电冲击试验	额定短时中性点电流耐受能力试验后重复例行试验及雷电冲击试验。
			1027		当二次绕组短路时的消弧线圈短路试验（有二次绕组时）	验证在由外部短路引起的过电流作用下无损伤的能力。
				001	试验电压及电流波形应无异常迹象	当二次绕组短路时的消弧线圈短路试验过程中试验电压及电流波形的情况。
				002	试验前后相电抗差的最大值	当二次绕组短路时的消弧线圈短路试验前后相电抗差的最大值。
				003	吊心/实体检查应无明显缺陷	当二次绕组短路时的消弧线圈短路试验后吊心/实体检查应无明显缺陷。
				004	重复例行试验及雷电冲击试验	当二次绕组短路时的消弧线圈短路试验后重复例行试验及雷电冲击试验。
	02				**消弧线圈［本体（含控制器）］检测报告数据表**	反映消弧线圈［本体（含控制器）］检测报告数据内容情况的列表。
			1001		物料描述	以简短的文字、符号或数字、号码来代表物料、品名、规格或类别及其他有关事项。
			1002		报告编号	采用字母、数字混合字符组成的用以标识检测报告的完整的、格式化的一组代码，是检测报告上标注的报告唯一性标识。
			1003		检验类别	对不同检验方式进行区别分类。
				001	送检	产品送到第三方检测机构进行检验的类型。
				002	委托监试	委托第三方检测机构提供试验仪器试验人员到现场对产品进行检验的类型。
			1004		委托单位	委托检测活动的单位。
			1005		报告出具时间	企业检测报告出具的年月日，采用YYYYMMDD的日期形式。
			1006		检测报告有效期至	认证证书有效期的截止年月日，采用YYYYMMDD的日期形式。

表（续）

项目编码					项目名称	说明
物资专用信息标识代码	模块代码	表代码	字段代码	字段值代码		
			1007		报告出具机构	应申请检验人的要求，对产品进行检验后所出具书面证明的检验机构。
			1008		报告扫描件（消弧线圈本体）	用扫描仪将检测报告正本扫描得到的电子文件。
			1009		产品型号	便于使用、制造、设计等部门进行业务联系和简化技术文件中产品名称、规格、型式等叙述而引用的一种代号。
			1010		电压等级	根据传输与使用的需要按电压有效值的大小所分的若干级别。
				001	10kV	10kV 电压等级。
				002	20kV	20kV 电压等级。
				003	35kV	35kV 电压等级。
				004	66kV	66kV 电压等级。
				005	110kV	110kV 电压等级。
				006	220kV	220kV 电压等级。
				007	330kV	330kV 电压等级。
				008	500kV	500kV 电压等级。
				009	750kV	750kV 电压等级。
				010	1000kV	1000kV 电压等级。
				999	其他	其他电压等级。
			1011		额定容量	标注在绕组上的视在功率的指定值，与该绕组的额定电压一起决定其额定电流。
			1012		绝缘方式	绕组外绝缘介质的形式。
				001	油浸	铁心和绕组浸在绝缘液体中的消弧线圈。
				002	干式	铁心和绕组不浸在绝缘液体中的消弧线圈。
			1013		使用环境	设备安装与使用的位置。
				001	户内	设备安装与使用的位置在室内。
				002	户外	设备安装与使用的位置在室外。
			1014		调谐	调节一个振荡电路的频率使它与另一个正在发生振荡的振荡电路（或电磁波）发生谐振。

表（续）

项目编码					项目名称	说明
物资专用信息标识代码	模块代码	表代码	字段代码	字段值代码		
				001	调匝	采用有载调节开关改变工作绕组的匝数，达到调节电感的目的。
				002	无级连续	通过移动铁心改变磁路磁阻达到连续调节电感的目的。
				003	相控	通过控制触发脉冲的相位来控制直流输出电压大小。
				004	调容	主要是在消弧线圈的二次侧并联若干组用晶闸管（或真空开关）通断的电容器，用来调节二次侧电容的容抗值。
			1015		配套控制器型号	配套控制器的型号。
			1016		报告扫描件（控制器）	用扫描仪将检测报告正本扫描得到的电子文件。
			1017		绕组电阻测量	以三相电阻的最大值与最小值之差为分子、三相电阻的平均值为分母进行计算，绕组直流电阻不平衡率最大值的测量。
			1018		绝缘电阻测量	测量在规定条件下，用绝缘材料隔开的两个导电元件之间的电阻。
			1019		绕组对地电容测量（油浸式消弧线圈）	绕组对地和绕组间电容测量。
			1020		绝缘系统电容的介质损耗因数（$\tan\delta$）测量（油浸式消弧线圈，主绕组对地 $\tan\delta$）	绝缘系统电容受正弦电压作用的绝缘结构或绝缘材料所吸收的有功功率值与无功功率绝对值之比测量。
			1021		电压比测量（有二次绕组时，电压比偏差的绝对值的最大值）	对一个绕组的额定电压与另一个具有较低或相等额定电压绕组的额定电压之比的测量。高压绕组与二次绕组电压之比偏差的绝对值的最大值。
			1022		辅助绕组和二次绕组空载电压测量（有辅助绕组和二次绕组时）	在有任何辅助绕组和二次绕组情况下，测量辅助绕组和二次绕组的空载电压。

表（续）

项目编码					项目名称	说明
物资专用信息标识代码	模块代码	表代码	字段代码	字段值代码		
				001	辅助绕组空载电压偏差的绝对值的最大值	辅助绕组空载电压偏差的绝对值的最大值（%）。
				002	二次绕组空载电压偏差的绝对值的最大值	二次绕组空载电压偏差的绝对值的最大值（%）。
			1023		电流测量	在额定频率及额定电压下测量消弧线圈的电流。
				001	最小电感时主绕组的电流与额定值的偏差	最小电感时主绕组的电流与额定值的偏差（%）。
				002	其他位置时的电流与规定值的偏差的绝对值的最大值	其他位置时的电流与规定值的偏差的绝对值的最大值（%）。
				003	每一分接绕组输出电流与设计值的偏差的绝对值的最大值	每一分接绕组输出电流与设计值的偏差的绝对值的最大值（%）。
				004	输出电流与设计值的偏差的绝对值的最大值	输出电流与设计值的偏差的绝对值的最大值（A）。
			1024		外施耐压试验	用来验证线端和中性点端子以及和它所连接的绕组对地及对其他绕组的交流电压耐受强度，试验电压施加在绕组所有的端子上，包括中性点端子。
			1025		辅助绕组、二次绕组以及控制、测量回路的外施耐压试验	验证辅助绕组、二次绕组以及控制、测量回路对地交流电压耐受强度。
			1026		感应耐压试验	用来验证线端和它所连接的绕组对地及对其他绕组的交流耐受强度，同时也验证相间和被试绕组纵绝缘的交流电压耐受强度。
			1027		分接开关、铁心气隙调整机构或任何其他开关设备以及与控制和测量有关的设备的操作试验	分接开关、铁心气隙调整机构，或任何其他开关设备以及与控制和测量有关的设备的操作试验。

表（续）

项目编码					项目名称	说明
物资专用信息标识代码	模块代码	表代码	字段代码	字段值代码		
			1028		绝缘油试验	验证绝缘液性能的试验。
				001	击穿电压	在规定的试验条件下或在使用中发生击穿时的电压。
				002	tanδ（90℃）	受正弦电压作用的绝缘结构或绝缘材料所吸收的有功功率值与无功功率绝对值之比。
			1029		压力密封试验（油浸式消弧线圈）	用以证明消弧线圈在运行时不会泄漏的试验。
			1030		局部放电测量（干式消弧线圈）（局部放电量）	发生在电极之间，但并未贯通的放电的测量，这种放电可以在导体附近发生，也可以不在导体附近发生。
			1031		雷电冲击试验	对绕组的端子上施加一种模拟真实的雷电波形的冲击波，以此观察变压器或其他电气设备，在此种冲击波的作用下能否通过（或破坏）考验。
			1032		温升试验	在规定运行条件下，确定产品的一个或多个部分的平均温度与外部冷却介质温度之差的试验。
				001	顶层油温升	顶层液体温度与外部冷却介质温度之差。
				002	主绕组平均温升	主绕组绕组平均温度与外部冷却介质温度之差。
			1033		声级测定	测定空载声级水平，此时，所有在额定功率下运行时需要的冷却设备应投入运行。
				001	声压级	声压平方与基准声压平方之比的以10为底的对数乘以10，单位为分贝（dB）。
				002	声功率级	给出的声功率与基准声功率之比的以10为底的对数乘以10，单位为分贝（dB）。
			1034		损耗测量	测量在一对绕组中，当额定电流（分接电流）流经一个绕组的线路端子，且另一绕组短路时在额定频率及参考温度下所吸取的有功功率。
				001	参考温度	损耗测量时的参考温度。

表（续）

项目编码					项目名称	说明
物资专用信息标识代码	模块代码	表代码	字段代码	字段值代码		
				002	损耗	在一对绕组中，当额定电流（分接电流）流经一个绕组的线路端子，且另一绕组短路时在额定频率及参考温度下所吸取的有功功率。
			1035		磁化特性测量/线性度测量/电压—电流特性曲线测定（最小电流位置线性度偏差的绝对值的最大值）	通过施加额定频率的电压进行，电压逐级增加，每级约为10%直至1.1倍的额定电压，绘制电流方均根值与电压方均根值的关系曲线来确定产品的线性度的试验。
				001	最大电流位置线性度偏差的绝对值的最大值	磁化特性测量/线性度测量/电压—电流特性曲线测定中最大电流位置线性度偏差的绝对值的最大值。
				002	最小电流位置线性度偏差的绝对值的最大值	磁化特性测量/线性度测量/电压—电流特性曲线测定中最小电流位置线性度偏差的绝对值的最大值。
		03			**消弧线圈接地变压器成套装置检测报告数据表**	反映消弧线圈接地变压器成套装置检测报告数据内容情况的列表。
			1001		物料描述	以简短的文字、符号或数字、号码来代表物料、品名、规格或类别及其他有关事项。
			1002		报告编号	采用字母、数字混合字符组成的用以标识检测报告的完整的、格式化的一组代码，是检测报告上标注的报告唯一性标识。
			1003		检验类别	对不同检验方式进行区别分类。
				001	送检	产品送到第三方检测机构进行检验的类型。
				002	委托监试	委托第三方检测机构提供试验仪器试验人员到现场对产品进行检验的类型。
			1004		委托单位	委托检测活动的单位。
			1005		产品制造单位	检测报告中送检样品的生产制造单位。
			1006		报告出具机构	应申请检验人的要求，对产品进行检验后所出具书面证明的检验机构。
			1007		报告出具时间	企业检测报告出具的年月日，采用YYYYMMDD的日期形式。

238

表（续）

项目编码					项目名称	说明
物资专用信息标识代码	模块代码	表代码	字段代码	字段值代码		
			1008		报告扫描件	用扫描仪将检测报告正本扫描得到的电子文件。
			1009		检测报告有效期至	认证证书有效期的截止年月日，采用YYYYMMDD 的日期形式。
			1010		产品型号	便于使用、制造、设计等部门进行业务联系和简化技术文件中产品名称、规格、型式等叙述而引用的一种代号。
			1011		型号（成套装置）	成套装置的便于使用、制造、设计等部门进行业务联系和简化技术文件中产品名称、规格、型式等叙述而引用的一种代号。
			1012		型号（消弧线圈本体）	消弧线圈本体的便于使用、制造、设计等部门进行业务联系和简化技术文件中产品名称、规格、型式等叙述而引用的一种代号。
			1013		型号（接地变压器）	接地变压器的便于使用、制造、设计等部门进行业务联系和简化技术文件中产品名称、规格、型式等叙述而引用的一种代号，应以简明、不重复为基本原则，反映商品性质、性能、品质等一系列的指标，用以识别接地变压器产品的编号。
			1014		型号（控制器）	控制器的便于使用、制造、设计等部门进行业务联系和简化技术文件中产品名称、规格、型式等叙述而引用的一种代号，应以简明、不重复为基本原则，反映商品性质、性能、品质等一系列的指标，用以识别控制器产品的编号。
			1015		电压等级	根据传输与使用的需要，按电压有效值的大小所分的若干级别。
				001	10kV	10kV 电压等级。
				002	20kV	20kV 电压等级。
				003	35kV	35kV 电压等级。
				004	66kV	66kV 电压等级。
				005	110kV	110kV 电压等级。
				006	220kV	220kV 电压等级。
				007	330kV	330kV 电压等级。
				008	500kV	500kV 电压等级。

表（续）

项目编码					项目名称	说明
物资专用信息标识代码	模块代码	表代码	字段代码	字段值代码		
				009	750kV	750kV 电压等级。
				010	1000kV	1000kV 电压等级。
				999	其他	其他的电压等级。
			1016		接地变压器额定容量	由额定电压和额定中心点电流计算所得的中性点电流容量 S_1 和额定二次容量 S_2 两部分组成。
			1017		额定电流	在额定频率下施加额定电压，在规定的时间内流经主绕组的电流。
			1018		绝缘方式	绕组外绝缘介质的形式。
				001	油浸	铁心和绕组浸在绝缘液体中的消弧线圈。
				002	干式	铁心和绕组不浸在绝缘液体中的消弧线圈。
			1019		调谐	调节一个振荡电路的频率，使它与另一个正在发生振荡的振荡电路（或电磁波）发生谐振。
				001	调匝	采用有载调节开关改变工作绕组的匝数，达到调节电感的目的。
				002	无级连续	通过移动铁心改变磁路磁阻达到连续调节电感的目的。
				003	相控	通过控制触发脉冲的相位来控制直流输出电压大小。
				004	调容	主要是在消弧线圈的二次侧并联若干组用晶闸管（或真空开关）通断的电容器，用来调节二次侧电容的容抗值。
			1020		系统电容电流测量及跟踪功能试验	测量三相系统总的电容电流。
			1021		电流调节试验	在消弧线圈的两端施加额定频率的额定电压，由控制器调节其输出电流，记录控制器指令并测量相应的输出电流。连续调节的成套装置由 $30\%I_r \sim 100\%I_r$ 记录，每次增加 10%。分级调节的成套装置应记录每个挡位的电流数值。
				001	输出电流（额定电流）与额定值偏差	在消弧线圈的两端施加额定频率的额定电压，由控制器调节其输出电流，记录控制器指令并测量相应的输出电流。计算输出电流（额定电流）与额定值偏差。

表（续）

项目编码					项目名称	说明
物资专用信息标识代码	模块代码	表代码	字段代码	字段值代码		
				002	输出电流（低于额定电流时）与设计值的偏差的绝对值的最大值	在消弧线圈的两端施加额定频率的额定电压，由控制器调节其输出电流，记录控制器指令并测量相应的输出电流。计算输出电流（低于额定电流时）与设计值的偏差的绝对值的最大值。
				003	输出电流与设计值的偏差的绝对值的最大值	在消弧线圈的两端施加额定频率的额定电压，由控制器调节其输出电流，记录控制器指令并测量相应的输出电流。计算输出电流与设计值的偏差的绝对值的最大值。
			1022		最大谐波电流输出值测量	在额定频率、额定电压下测量消弧线圈电流调节范围内最大谐波电流输出值和其频率。
				001	最大谐波电流输出值	在额定频率、额定电压下测量消弧线圈电流调节范围内最大谐波电流输出值。
				002	最大谐波电流频率	在额定频率、额定电压下测量消弧线圈电流调节范围内最大谐波电流的频率。
			1023		模拟单次单相接地故障试验	在 U 等于系统标称电压、系统电容电流等于消弧线圈额定电流条件下，利用投切 QF 进行单相接地试验。
				001	金属性接地—残流稳定时间最大值	QF 投切金属性接地，残流稳定时间最大值。
				002	金属性接地—残流最大值	QF 投切金属性接地，残流最大值。
				003	阻抗接地—残流稳定时间最大值	QF 投切阻抗接地，残流稳定时间最大值。
				004	阻抗接地—残流最大值	QF 投切阻抗接地，残流最大值。
				005	电弧接地—残流稳定时间最大值	QF 投切电弧接地，残流稳定时间最大值。
				006	电弧接地—残流最大值	QF 投切电弧接地，残流最大值。
			1024		模拟间歇性单相接地故障试验	在金属性接地和阻抗接地两种状态下，用快速投切接地开关 QF 的方法进行间歇性单相接地试验

附 录 C

（规范性附录）

研 发 设 计

项目编码					项目名称	说明
物资专用信息标识代码	模块代码	表代码	字段代码	字段值代码		
略	D				**研发设计**	将需求转换为产品、过程或体系规定的特性或规范的一组过程。
		01			**设计软件一览表**	反映研发设计软件情况的列表。
			1001		设计软件类别	一种计算机辅助工具，借助编程语言以表达并解决现实需求的设计软件的类别。
				001	仿真计算	一种仿真软件，专门用于仿真的计算机软件。
				002	结构设计	分为建筑结构设计和产品结构设计两种，其中建筑结构又包括上部结构设计和基础设计

附 录 D
（规范性附录）
生 产 制 造

项目编码					项目名称	说明
物资专用信息标识代码	模块代码	表代码	字段代码	字段值代码		
略	E				**生产制造**	生产企业整合相关的生产资源，按预定目标进行系统性的从前端概念设计到产品实现的物化过程。
		01			**生产厂房**	反映企业生产厂房属性的统称。
			1001		生产厂房所在地	生产厂房的地址，包括所属行政区划名称，乡（镇）、村、街名称和门牌号。
			1002		厂房产权情况	指厂房产权在主体上的归属状态。
				001	自有	指产权归属自己。
				002	租赁	按照达成的契约协定，出租人把拥有的特定财产（包括动产和不动产）在特定时期内的使用权转让给承租人，承租人按照协定支付租金的交易行为。
				003	部分自有	指部分产权归属自己。
			1003		厂房自有率	自有厂房面积占厂房总面积的比例。
			1004		厂房总面积	厂区的总面积。
			1005		封闭厂房总面积	设有屋顶，建筑外围护结构全部采用封闭式墙体（含门、窗）构造的生产性（储存性）建筑物的总面积。
		02			**主要生产设备**	反映企业拥有的关键生产设备的统称。
			1001		生产设备	在生产过程中为生产工人操纵的，直接改变原材料属性、性能、形态或增强外观价值所必需的劳动资料或器物。
			1002		设备类别	将设备按照不同种类进行区别归类。
				001	铁心制造设备	用于铁心制造的专用设备。
				002	线圈制造设备	用于线圈制造的专用设备。
				003	绝缘处理设备	用于变压器绝缘部分处理的设备。
				999	其他设备	其他设备类别。
			1003		设备名称	一种设备的专用称呼。

表（续）

项目编码					项目名称	说明
物资专用信息标识代码	模块代码	表代码	字段代码	字段值代码		
				001	横向剪切设备	按一定长度及片型剪切硅钢片的成套设备。
				002	纵向剪切设备	硅钢片纵剪生产线是能完成硅钢片开卷、纵剪、收卷等全过程的成套设备。硅钢片纵剪机是用装在两平行回转轴上的多组圆盘剪刀进行连续纵向剪切硅钢片的机器。
				003	铁心饼加工设备	用于铁心饼加工的专用设备。
				004	叠装（翻转）台	供变压器铁心叠装，并使铁心翻转起立的设备。
				005	立式绕线机	主轴中心线与机器安装平面垂直的绕线机器。
				006	卧式绕线机	主轴中心线与机器安装平面平行的绕线机器。
				007	箔式线圈绕制机	用于变压器、电抗器箔式线圈的绕制机器。采用恒张力控制。
				008	树脂真空浇注设备	在真空状态下，对电机、电抗器、变压器、互感器等的线圈浇注环氧树脂的成套设备。
				009	固化炉（干式）	实施固化的容器即为固化炉。固化是指在电子行业及其他各种行业中，为了增强材料结合的应力而采用的零部件加热、树脂固化和烘干的生产工艺。
				010	线圈包封绕制设备	用涂刷、浸涂、喷涂等方法将热塑料性或热固性树脂施加在制件上，并使其外表面全部被包覆而作为保护涂层或绝缘层的一种作业。
				011	变压法干燥炉	在真空状态下，有规律地改变真空自在内压力和湿度以提高干燥效率的真空干燥设备。
				012	煤油气相干燥炉	在真空状态下，利用煤油蒸气对变压器、电抗器、互感器身或线圈进行加热、干燥的设备。
				013	装配架	变压器制造行业用于大中型变压器装配的专业设备，本设备一般由面对面对称布置的两个架体组成，两侧架体均可独立动作，完成各自工作平台在高度方向和水平方向位置的调整，以满足变压器装配时对操作位置的不同要求。

表（续）

项目编码					项目名称	说明
物资专用信息标识代码	模块代码	表代码	字段代码	字段值代码		
				014	真空滤油机	在真空状态下，对变压器油进行脱水、脱气，并进行净化处理的机器。
				015	起重设备（行车）	用吊钩或其他取物装置吊装重物，在空间进行升降与运移等循环性作业的机械。
			1004		设备型号	便于使用、制造、设计等部门进行业务联系和简化技术文件中产品名称、规格、型式等叙述而引用的一种代号。
			1005		数量	设备的数量。
			1006		主要技术参数项	对生产设备的主要技术性能指标项目进行描述。
				001	最大剪切宽度	硅钢片横剪生产线最大剪切宽度。
				002	最大卷料宽度	硅钢片纵剪生产线最大卷料宽度。
				003	额定负荷	铁心叠装翻转台的正常工作的负荷。
				004	最大载重	绕线机能安全使用所允许的最大载荷。
				005	浇注罐直径	浇注罐的直径。
				006	容积	所能容纳物体的体积。
				007	最大载重	线圈包封绕制设备能安全使用所允许的最大载荷。
				008	有效容积	变压法真空干燥设备用于干燥罐有效容积的立方米数表示。
				009	煤油蒸发器功率	气相干燥设备煤油蒸发器单位时间内所做的功。
				010	公称流量	真空滤油机允许长期使用的流量。
				011	最大起重量	真空设备可以抽到的压力的极限数值。
			1007		主要技术参数值	对生产设备的主要技术性能指标数值进行描述。
			1008		设备制造商	制造设备的生产厂商，不是代理商或贸易商。
			1009		设备国产/进口	在国内/国外生产的设备。
				001	国产	在本国生产的生产设备。

表（续）

项目编码					项目名称	说明
物资专用信息标识代码	模块代码	表代码	字段代码	字段值代码		
				002	进口	向非本国居民购买生产或消费所需的原材料、产品、服务。
			1010		设备单价	购置单台生产设备的完税后价格。
			1011		设备购买合同及发票扫描件	用扫描仪将设备购买合同及发票原件扫描得到的电子文件。
		03			生产工艺控制	反映生产工艺控制过程中一些关键要素的统称。
			1001		适用的产品类别	将适用的产品按照一定规则归类后，该类产品对应的适用的产品类别名称。
			1002		主要工序名称	对产品的质量、性能、功能、生产效率等有重要影响的工序。
				001	铁心剪切	将冷轧取向硅钢片的卷料和板料剪切成铁心片。
				002	铁心叠装	将剪切完整的硅钢片按照要求进行叠片。
				003	铁心饼制作	将叠片好的硅钢片处理成铁心饼。
				004	夹件制作	通过焊接制造铁心上、下轭夹件。
				005	线圈绕制	按照要求绕制消弧线圈各个线圈。
				006	线圈压装及干燥	通过设备将线圈轴向压紧并进行干燥处理。
				007	真空浇注	在真空状态下将环氧树脂浇注到绕组中。
				008	线圈固化	在烘房中通过高温使环氧树脂凝固。
				009	绝缘件制作	生产制作新的绝缘零件。
				010	器身装配	消弧线圈器身装配主要进行消弧线圈线圈、绝缘件的套装，它不仅将绕组套在铁心柱的外面，还要完成大部分主绝缘的装配。
				011	器身干燥	变压器在器身引线装配完成后，进行器身干燥。
				012	油箱制作	通过焊接制造消弧线圈上、下节油箱。
				013	总装配	消弧线圈制造的最后工序；涉及零部件多，最后的组装质量将直接影响变压器的运行。

表（续）

项目编码					项目名称	说明
物资专用信息标识代码	模块代码	表代码	字段代码	字段值代码		
				014	注油	在真空条件下，按一定速度将绝缘油注入到设备腔体中。
				015	静放	变压器注油完成后静置一段时间再进行试验。
				016	试验	依据规定的程序测定产品、过程或服务的一种或多种特性的技术操作。
				999	其他	包装等其他工序。
			1003		工艺文件名称	主要描述如何通过过程控制，完成最终的产品的操作文件。
			1004		主要关键措施	工艺文件中关于质量和产量的关键步骤。
			1005		保障提升产品性能质量的作用	工艺文件中对保障提升产品性能质量的作用。
			1006		是否具有相应记录	是否将一套工艺的整个流程用一定的方式记录下来。
			1007		整体执行情况	按照工艺要求，对范围、成本、检测、质量等方面实施情况的体现。
				001	良好	生产工艺整体执行良好。
				002	一般	生产工艺整体执行一般。
			1008		工艺文件扫描件	用扫描仪将工艺文件扫描得到的电子文件

附 录 E
（规范性附录）
试 验 检 测

项目编码					项目名称	说明
物资专用信息标识代码	模块代码	表代码	字段代码	字段值代码		
略	F				**试验检测**	用规范的方法检验测试某种物体指定的技术性能指标。
		01			**试验检测设备一览表**	反映试验检测设备属性情况的列表。
			1001		试验检测设备	一种产品或材料在投入使用前，对其质量或性能按设计要求进行验证的仪器。
			1002		设备类别	将设备按照不同种类进行区别归类。
			1003		试验项目名称	为了了解产品性能而进行的试验项目的称谓。
				001	系统电容电流测量及跟踪功能试验	验证电容电流的变化自动判断进而控制执行机构，使执行机构快速达到相应设定状态的试验。
				002	绕组电阻测量	以三相电阻的最大值与最小值之差为分子、三相电阻的平均值为分母进行计算，绕组直流电阻不平衡率最大值。
				003	绝缘电阻测量	测量在规定条件下，用绝缘材料隔开的两个导电元件之间的电阻。
				004	电压比测量	测量一个绕组的额定电压与另一个具有较低或相等额定电压绕组的额定电压之比；高压绕组与低压绕组电压之比偏差的绝对值的最大值。
				005	电流测量	在额定频率及额定电压下测量消弧线圈的电流。
				006	外施（工频）耐压试验	用来验证线端和中性点端子以及和它所连接的绕组对地及对其他绕组的交流电压耐受强度，试验电压施加在绕组所有的端子上，包括中性点端子。
				007	感应耐压试验	用来验证线端和它所连接的绕组对地及对其他绕组的交流耐受强度，同时也验证相间和被试绕组纵绝缘的交流电压耐受强度。

表（续）

项目编码					项目名称	说明
物资专用信息标识代码	模块代码	表代码	字段代码	字段值代码		
				008	电压比测量和联结组标号检定	对一个绕组的额定电压与另一个具有较低或相等额定电压绕组的额定电压之比的测量；对用一组字母及钟时序数来表示变压器高压、中压（如果有）和低压绕组的联结方式以及中压、低压绕组对高压绕组相对相位移的通用标号的检定。
				009	零序阻抗测量	三相电流当相序为零时绕组中阻抗。
				010	空载损耗和空载电流测量	测量当额定频率下的额定电压（分接电压）施加到一个绕组的端子上，其他绕组开路时所吸取的有功功率和流经该绕组线路端子的电流方均根值。
				011	工频耐压试验（外施耐压试验）	用来验证线端和中性点端子以及和它所连接的绕组对地及对其他绕组的交流电压耐受强度，试验电压施加在绕组所有的端子上，包括中性点端子。
				012	阻抗电压、短路损耗测量（短路阻抗和负载损耗测量）	测量在一对绕组中，当额定电流（分接电流）流经一个绕组的线路端子，且另一绕组短路时在额定频率及参考温度下所吸取的有功功率；测量一对绕组中某一绕组端子间的在额定功率及参考温度下的等值串联阻抗 $Z = R + jX$，单位为欧姆。
				013	绝缘油试验	验证绝缘油性能的试验。
				014	局部放电测量	发生在电极之间，但未贯通的放电测量，这种放电可以在导体附近发生，也可以不在导体附近发生。
				015	功能及性能试验（控制器）	用于验证控制器功能及性能试验。
				016	绝缘性能试验（控制器）	用于验证控制器绝缘性能试验。
				017	连续通电试验（控制器）	连续 168h 通电老化试验。
				999	其他	其他的试验项目。
			1004		设备名称	一种设备的专用称呼。
				001	绝缘电阻测试仪	由交流电网或电池供电，通过电子电路进行信号变换和处理，对电气设备、绝缘材料和绝缘结构等的绝缘性能进行检测和试验的仪器绝缘电阻测试仪，按其指示装置分为模拟式（指针式）和数字式两种。

表（续）

项目编码					项目名称	说明
物资专用信息标识代码	模块代码	表代码	字段代码	字段值代码		
				002	整体介质损耗测试仪	采用高压电容电桥的原理，应用数字测量技术，对介质损耗因数和电容量进行自动测量的一种仪器。
				003	直流电阻测试仪	采用四端钮伏安测量原理，能直接显示直流电阻值的一种仪器。
				004	变比测试仪	用于变压比测试仪器。
				005	功率分析仪	用于测量功率的仪器。
				006	电压互感器	在正常使用条件下，其二次电压与一次电压实质上成正比，且其相位差在连接方法正确时接近于零的互感器。
				007	电流互感器	在正常使用条件下，其二次电流与一次电流实质上成正比，且其相位差在连接方法正确时接近于零的互感器。
				008	声级计	用于测量声级的仪器，通常由传声器、信号处理器和显示器组成。
				009	局部放电测试仪	采用特定方法进行局部放电测量的专用仪器。
				010	油耐压测试仪	测量绝缘油介电强度参数的专用测试仪器。
				011	绝缘油介损测试仪	用于测量变压器油介质损耗的试验仪器，通常由电源、测量系统、电极杯、温控装置等组成。
				012	冲击电压发生器	用于电力设备等试品进行雷电冲击电压全波、雷电冲击电压截波和操作冲击电压波的冲击电压试验，检验绝缘性能的装置。
				013	试验变压器（外施耐压试验用）	供各种电气设备和绝缘材料做电气绝缘性能试验用的变压器。
				014	工频发电机组	将其他形式的能源转换成电能的机械设备，输出电源频率为50Hz。
				015	中频发电机组	一般对外提供频率为100Hz、125Hz、150Hz、200Hz，电压为0～800V的三相交流电源。
				016	中间变压器	一般能起到变换电压和电流，变换相数和相位及变换频率等作用的仪器。
				017	电容补偿装置（电容塔）	用于补偿无功功率，改善功率因数的装置。

表（续）

项目编码					项目名称	说明
物资专用信息标识代码	模块代码	表代码	字段代码	字段值代码		
				018	调压器	在规定条件下，输出电压可在一定范围内连续、平滑、无级调节的特殊变压器。
				019	变频电源	可在一定范围内调整输出电能频率的变压器。
				999	其他类别设备	其他类别设备。
			1005		设备型号	便于使用、制造、设计等部门进行业务联系和简化技术文件中产品名称、规格、型式等叙述而引用的一种代号。
			1006		数量	设备的数量。
			1007		主要技术参数项	描述设备的主要技术要求的项目。
				001	最大量程	能测量的物理量的最大值。
				002	最大测量电流	能测量的电流的最大值。
				003	通道数（每台）	测量通道数量。
				004	额定电压	由制造商对一电气设备在规定的工作条件下所规定的电压。
				005	额定容量	额定容量是指铭牌上所标明的电机或电器在额定工作条件下能长期持续工作的容量。
				006	总容量	电容器的总容量。
			1008		主要技术参数值	描述设备的主要技术要求的数值。
			1009		是否具有有效的检定证书	是否具备由法定计量检定机构对仪器设备出具的证书。
			1010		设备制造商	制造设备的生产厂商，不是代理商或贸易商。
			1011		设备国产/进口	在国内/国外生产的设备。
				001	国产	在本国生产的生产设备。
				002	进口	向非本国居民购买生产或消费所需的原材料、产品、服务。
			1012		设备单价	购置单台生产设备的完税后价格。
			1013		设备购买合同及发票扫描件	用扫描仪将设备购买合同及发票原件扫描得到的电子文件。

表（续）

项目编码					项目名称	说明
物资专用信息标识代码	模块代码	表代码	字段代码	字段值代码		
		02			**试验检测人员一览表**	反映试验检测人员情况的列表。
			1001		姓名	在户籍管理部门正式登记注册、人事档案中正式记载的姓氏名称。
			1002		资质证书名称	表明劳动者具有从事某一职业所必备的学识和技能的证书的名称。
			1003		资质证书编号	资质证书的编号或号码。
			1004		资质证书出具机构	资质评定机关的中文全称。
			1005		资质证书出具时间	资质评定机关核发资质证书的年月日，采用 YYYYMMDD 的日期形式。
			1006		有效期至	资质证书登记的有效期的终止日期，采用 YYYYMMDD 的日期形式。
			1007		资质证书扫描件	用扫描仪将资质证书正本扫描得到的电子文件。
		03			**现场抽样检测记录表**	反映现场抽样检测记录情况的列表。
			1001		适用的产品类别	实际抽样的产品可以代表的一类产品的类别。
			1002		现场抽样检测时间	现场随机抽取产品进行试验检测的具体日期，采用 YYYYMMDD 的日期形式。
			1003		产品类别	将产品按照一定规则归类后，该类产品对应的的类别。
			1004		抽样检测产品型号	便于使用、制造、设计等部门进行业务联系和简化技术文件中产品名称、规格、型式等叙述而引用的一种代号。
			1005		抽样检测产品编号	同一类型产品生产出来后给定的用来识别某类型产品中的每一个产品的一组代码，由数字和字母或其他代码组成。
			1006		抽样检测项目	从欲检测的全部样品中抽取一部分样品单位进行检测的项目。
				001	系统电容电流测量及跟踪功能试验	验证电容电流的变化自动判断进而控制执行机构，使执行机构快速达到相应设定状态的试验。

表（续）

项目编码					项目名称	说明
物资专用信息标识代码	模块代码	表代码	字段代码	字段值代码		
				002	绕组电阻测量	以三相电阻的最大值与最小值之差为分子、三相电阻的平均值为分母进行计算，绕组直流电阻不平衡率最大值。
				003	绝缘电阻测量	测量在规定条件下，用绝缘材料隔开的两个导电元件之间的电阻。
				004	电压比测量	测量一个绕组的额定电压与另一个具有较低或相等额定电压绕组的额定电压之比。
				005	电流测量	在额定频率及额定电压下测量消弧线圈的电流。
				006	外施（工频）耐压试验	用来验证线端和中性点端子以及和它所连接的绕组对地及对其他绕组的交流电压耐受强度，试验电压施加在绕组所有的端子上，包括中性点端子。
				007	感应耐压试验	用来验证线端和它所连接的绕组对地及对其他绕组的交流耐受强度，同时也验证相间和被试绕组纵绝缘的交流电压耐受强度。
				008	电压比测量和联结组标号检定	对一个绕组的额定电压与另一个具有较低或相等额定电压绕组的额定电压之比的测量；对用一组字母及钟时序数来表示变压器高压、中压（如果有）和低压绕组的联结方式以及中压、低压绕组对高压绕组相对相位移的通用标号的检定。
				009	零序阻抗测量	三相电流当相序为零时绕组中阻抗。
				010	空载损耗和空载电流测量	当额定频率下的额定电压（分接电压）施加到一个绕组的端子上，其他绕组开路时所吸取的有功功率和流经该绕组线路端子的电流方均根值。
				011	工频耐压试验（外施耐压试验）	用来验证线端和中性点端子以及和它所连接的绕组对地及对其他绕组的交流电压耐受强度，试验电压施加在绕组所有的端子上，包括中性点端子。
				012	阻抗电压、短路损耗测量（短路阻抗和负载损耗测量）	测量在一对绕组中，当额定电流（分接电流）流经一个绕组的线路端子，且另一绕组短路时在额定频率及参考温度下所吸取的有功功率；测量一对绕组中某一绕组端子间的在额定功率及参考温度下的等值串联阻抗 $Z=R+jX$，单位为欧姆。

表（续）

项目编码					项目名称	说明
物资专用信息标识代码	模块代码	表代码	字段代码	字段值代码		
				013	绝缘油试验	验证绝缘油性能的试验。
				014	局部放电测量	发生在电极之间，但并未贯通的放电的测量，这种放电可以在导体附近发生，也可以不在导体附近发生。
				015	功能及性能试验（控制器）	用于验证控制器功能及性能试验。
				016	绝缘性能试验（控制器）	用于验证控制器绝缘性能试验。
				017	连续通电试验（控制器）	连续 168h 通电老化试验。
				999	其他	其他的试验项目。
			1007		抽样检测结果	对抽取样品检测项目的结论/结果。
			1008		备注	额外的说明

附 录 F
（规范性附录）
原 材 料/组 部 件

项目编码					项目名称	说明
物资专用信息标识代码	模块代码	表代码	字段代码	字段值代码		
略	G				**原材料/组部件**	原材料指生产某种产品所需的基本原料；组部件指某种产品的组成部件。
		01			**原材料/组部件一览表**	反映原材料或组部件情况的列表。
			1001		原材料/组部件名称	生产某种产品的基本原料的名称，或产品的组成部件的名称。
				001	硅钢片	一种含碳极低的硅铁软磁合金，一般含硅量为 0.5%～4.5%，加入硅可提高铁的电阻率和最大磁导率，降低矫顽力、铁心损耗（铁损）和磁时效，主要用来制作各种变压器、电动机和发电机的铁心。
				002	电磁线	构成与变压器、电抗器或调压器标注的某一电压值相对的电气线路的一组线匝。
				003	绝缘油	具有良好的介电性能，适用于电气设备的油品。
				004	套管	由导电杆和套形绝缘件组成的一种组件，用它使其内的导体穿过如墙壁或油箱一类的结构件，并构成导体与此结构件之间的电气绝缘。
				005	环氧树脂	分子中含有两个以上环氧基团的一类聚合物的总称。
			1002		原材料/组部件规格型号	反应原材料/组部件的性质、性能、品质等一系列的指标，一般由一组字母和数字以一定的规律编号组成如品牌、等级、成分、含量、纯度、大小（尺寸、重量）等。
			1003		原材料/组部件制造商名称	所使用的原材料/组部件的制造商的名称。
			1004		原材料/组部件国产/进口	所使用的原材料/组部件是国产或进口。
				001	国产	本国（中国）生产的原材料或组部件。
				002	进口	向非本国居民购买生产或消费所需的原材料、产品、服务。

表（续）

项目编码					项目名称	说明
物资专用信息标识代码	模块代码	表代码	字段代码	字段值代码		
			1005		原材料/组部件供应方式	获得原材料/组部件的方式。
				001	自制	自己制造。
				002	外协	外包的一种形式，主要指受组织控制，由外协单位使用自己的场地、工具等要素，按组织提供的原材料、图纸、检验规程、验收准则等进行产品和服务的生产和提供，并由组织验收的过程。
				003	外购	向外界购买，是为了与外包相对应而出现的词汇，其实含义与采购相同，只是外购在国际贸易中用的更多。
				999	其他	其他的供应方式。
			1006		原材料/组部件采购方式	采购原材料/组部件的方式。
				001	招标采购	采购方作为招标方，事先提出采购的条件和要求，邀请众多企业参加投标，然后由采购方按照规定的程序和标准一次性地从中择优选择交易对象，并与提出最有利条件的投标方签订协议的过程。
				002	长期合作	从长期合作单位采购。
				003	短期合作	从短期合作单位采购。
				999	其他	其他原材料/组部件的方式。
			1007		原材料/组部件供货周期	供货周期指接收到客户订单到货物生产完毕，可以装船（或者交运）的时间。
				001	签订合同后半个月内	原材料/组部件供货周期为签订合同后半个月内。
				002	签订合同后半个月到1个月	原材料/组部件供货周期为签订合同后半个月到1个月。
				003	签订合同后1到3个月	原材料/组部件供货周期为签订合同后1到3个月。
				004	签订合同后3到6个月	原材料/组部件供货周期为签订合同后3到6个月。
				005	签订合同后6到12个月	原材料/组部件供货周期为签订合同后6到12个月。
				006	签订合同后12个月以上	原材料/组部件供货周期为签订合同后12个月以上。

表（续）

项目编码					项目名称	说明
物资专用信息标识代码	模块代码	表代码	字段代码	字段值代码		
			1008		检测方式	为确定某一物质的性质、特征、组成等而进行的试验，或根据一定的要求和标准来检查试验对象品质的优良程度的方式。
				001	本厂全检	指由本厂实施，根据某种标准对被检查产品进行全部检查。
				002	本厂抽检	指由本厂实施，从一批产品中按照一定规则随机抽取少量产品（样本）进行检验，据以判断该批产品是否合格的统计方法。
				003	委外全检	指委托给其他具有相关资质的单位实施，根据某种标准对被检查产品进行全部检查。
				004	委外抽检	指委托给其他具有相关资质的单位实施，从一批产品中按照一定规则随机抽取少量产品（样本）进行检验，据以判断该批产品是否合格的统计方法和理论。
				005	不检	不用检查或没有检查

附　录　G
（规范性附录）
产　品　产　能

项目编码					项目名称	说明
物资专用信息标识代码	模块代码	表代码	字段代码	字段值代码		
略	I				**产品产能**	在计划期内，企业参与生产的全部固定资产，在既定的组织技术条件下，所能生产的产品数量，或者能够处理的原材料数量。
		01			**生产能力表**	反映企业生产能力情况的列表。
			1001		产品类型	将产品按照一定规则归类后，该类产品对应的类别。
			1002		瓶颈工序名称	制约整条生产线产出量的那一部分工作步骤或工艺过程的名称。
				001	铁心制造	铁心制造的过程。
				002	线圈绕制	按照要求绕制变压器各个线圈。
				003	器身干燥	变压器在器身引线装配完成后，进行器身干燥。
				004	线圈浇注	将环氧树脂和固化剂的混合料在真空环境下浇注到模具中。
				005	线圈固化	在烘房中通过高温使环氧树脂凝固。
				006	例行试验	对制造中或完工后的每一个产品所进行的符合性试验

电力电容器供应商专用信息

目　次

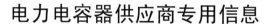

电力电容器供应商专用信息

1 范围

本部分规定了电力电容器类物资供应商的报告证书、研发设计、生产制造、试验检测、原材料/组部件和产品产能等专用信息数据规范。

本部分适用于国家电网有限公司供应商资质能力信息核实工作，以及涉及供应商数据的相关应用。

本部分适用的电力电容器类物料及其物料组编码见附录 A。

2 规范性引用文件

下列文件对于本文件的应用是必不可少的。凡是注日期的引用文件，仅注日期的版本适用于本文件。凡是不注日期的引用文件，其最新版本（包括所有的修改单）适用于本文件。

GB/T 2900.1—2008　电工术语　基本术语

GB/T 2900.5—2013　电工术语　绝缘固体、液体和气体

GB/T 2900.12—2008　电工术语　避雷器、低压电涌保护器及元件

GB/T 2900.16—1996　电工术语　电力电容器

GB/T 2900.95—2015　电工术语　变压器、调压器和电抗器

GB/T 4831—2016　旋转电机产品型号编制方法

GB/T 6974.1—2008　起重机　术语　第 1 部分：通用术语

GB/T 7354—2003　局部放电测量

GB/T 11024.1—2010　标称电压 1000V 以上交流电力系统用并联电容器　第 1 部分：总则

GB/T 14349—2011　板料折弯机　精度

GB/T 15416—2014　科技报告编号规则

GB/T 36104—2018　法人和其他组织统一社会信用代码数据元

DL/T 396—2010　电压等级代码

DL/T 419—2015　电力用油名词术语

DL/T 628—1997　集合式高压并联电容器订货技术条件

DL/T 840—2016　高压并联电容器使用技术条件

DL/T 846.4—2016　高电压测试设备通用技术条件　第 4 部分：脉冲电流法局部放电测量仪

DL/T 848.5—2004　高压试验装置通用技术条件　第 5 部分：冲击电压发生器

JJF 1001—2011　通用计量术语与定义

3　术语和定义

下列术语和定义适用于本文件。

3.1

报告证书 report certificate

具有相应资质、权力的机构或机关等发的证明资格或权力的文件。

3.2

研发设计 research and development design

将需求转换为产品、过程或体系规定的特性或规范的一组过程。

3.3

生产制造 production-manufacturing

生产企业整合相关的生产资源，按预定目标进行系统性的从前端概念设计到产品实现的物化过程。

3.4

试验检测 test verification

用规范的方法检验测试某种物体指定的技术性能指标。

3.5

原材料/组部件 raw material and components

指生产某种产品所需的基本原料或组成部件。

3.6

产品产能 product capacity

在计划期内，企业参与生产的全部固定资产，在既定的组织技术条件下，所能生产的产品数量。

4　符号

下列符号适用于本文件。

4.1　符号

kV：电压单位。

kvar：无功功率单位。

mm：长度单位。

$M\Omega$：电阻单位。

℃：温度单位。

N：力的单位。

h：时间单位。

m^2：面积单位。

N·m：转动力矩。

L/min：流量单位。

A：电流单位。

°/s：角速度单位。

t：重量单位。

pC：局部放电量单位。

5 报告证书

报告证书包括检测报告数据表，报告证书见附录 B。

5.1 检测报告数据表

报告证书中检测报告数据表包括物料描述、报告编号、产品型号、电压等级、额定容量、单台容量、报告出具时间、检测报告有效期至、委托单位、报告扫描件、外观检查—长、外观检查—宽、外观检查—高、密封性试验、端子间电压试验—试验电压、端子与外壳间交流电压试验（干试）—试验电压、电容测量、电容器损耗角正切（tanδ）测量、热稳定性试验、高温下电容器损耗角正切（tanδ）测量、局部放电测量、低温下局部放电试验—熄灭电压、极对壳局部放电熄灭电压测量、短路放电试验—充电电压、端子与外壳间交流电压试验（湿试）—试验电压、端子与外壳间雷电冲击电压试验—试验电压、内部熔丝的放电试验、内部熔丝的隔离试验、内部放电器件试验、套管受力试验、损耗角正切值（tanδ）与温度的关系曲线测定、端子与外壳间绝缘电阻测量、外观检查（集合式适用）—长、外观检查（集合式适用）—宽、外观检查（集合式适用）—高、密封性试验（集合式适用）、电容测量（集合式适用）—电容偏差、极间耐压试验（集合式适用）—试验电压、极对油箱及相间工频耐压试验（干试，集合式适用）—试验电压、极对外壳工频耐压试验（湿试）—试验电压、极对油箱及相间雷电冲击耐压试验（集合式适用）—试验电压、放电器件检查（集合式适用）、绝缘冷却油试验（集合式适用）、损耗角正切值（tanδ）的测量（集合式适用）、温升试验（集合式适用）—实测外壳最热点温升、外壳机械强度试验（集合式适用）、套管及线路端子的机械强度试验（集合式适用）拉力、放电试验（集合式适用）、外壳爆破能量试验（特殊试验）—耐受爆破能量、耐久性试验（特殊试验）—过电压周期（次）、耐久性试验（特殊试验）—老化时间。

6 研发设计

研发设计包括设计软件一览表，研发设计信息见附录 C。

6.1 设计软件一览表

设计软件一览表包括设计软件类别。

7 生产制造

生产制造主要包括生产厂房、主要生产设备、生产工艺控制，生产制造信息见附录 D。

7.1 生产厂房

生产厂房包括生产车间所在地省、生产车间所在地市、生产车间所在地县、厂房权属情况、厂房自有率、厂区总面积、封闭厂房总面积、是否含净化车间、净化车间总面积、卷制净化车间面积、卷制净化车间温度、卷制净化车间相对湿度、卷制净化车间洁净度等级、卷制净化车间洁净度检测报告扫描件、装配净化车间温度、装配净化车间相对湿度、装配净化车间洁净度等级、装配净化车间洁净度检测报告扫描件。

7.2 主要生产设备

主要生产设备包括生产设备、设备类别、设备名称、设备型号、数量、主要技术参数项、主要技术参数值、设备制造商、设备国产/进口、设备单价、设备购买合同及发票扫描件、设备出厂日期、设备用途。

7.3 生产工艺控制

生产工艺控制包括适用的产品类别、主要工序名称、主要关键措施、保障提升产品性能质量的作用、工艺控制文件工艺环节名称、工艺文件名称、工艺流程图。

8 试验检测

试验检测包括试验检测设备一览表、试验检测人员一览表、现场抽样检测记录表,试验检测信息见附录 E。

8.1 试验检测设备一览表

试验检测设备一览表包括试验检测设备、设备类别、试验项目名称、设备名称、主要技术参数项、主要技术参数值、设备型号、数量、主要试验检测设备单位、设备制造商、设备国产/进口、设备单价、设备购买合同及发票扫描件、设备出厂日期、试验检测设备用途、是否具有有效的检定证书、检定机构。

8.2 试验检测人员一览表

试验检测人员一览表包括姓名、资质证书名称、资质证书编号、资质证书出具机构、资质证书出具时间、有效期至、资质证书扫描件。

8.3 现场抽样检测记录表

现场抽样检测记录表包括适用的产品类别、抽样检测产品型号、抽查试验项目、抽样检测结果、备注。

9 原材料/组部件

原材料/组部件包括原材料/组部件一览表,原材料/组部件信息见附录 F。

9.1 原材料/组部件一览表

原材料/组部件一览表包括原材料/组部件名称、原材料/组部件规格型号、原材料/组部件单位、原材料/组部件制造商名称、原材料/组部件国产/进口、原材料/组部件供应方式、原材料/组部件采购方式、原材料/组部件生产周期、原材料/组部件供货周期、检测方式。

10　产品产能

产品产能包括生产能力表，产品产能信息见附录 G。

10.1　生产能力表

生产能力表包括产品类型、瓶颈工序名称。

<h1>附　录　A</h1>
<h3>（规范性附录）</h3>
<h2>适用的物资及其物资专用信息标识代码</h2>

物资类别	物料所属大类	物资所属中类	物资名称	物资专用信息标识代码
电力电容器	一次设备	电力电容器	框架式并联电容器成套装置	G1017008
电力电容器	一次设备	电力电容器	集合式并联电容器成套装置	G1017009

附 录 B

（规范性附录）

报 告 证 书

项目编码					项目名称	说明
物资专用信息标识代码	模块代码	表代码	字段代码	字段值代码		
略	C				**报告证书**	具有相应资质、权力的机构或机关等发的证明资格或权力的文件。
		01			**检测报告数据表**	反映检测报告数据内容情况的列表。
			1001		物料描述	以简短的文字、符号或数字、号码来代表物料、品名、规格或类别及其他有关事项。
			1002		报告编号	采用字母、数字混合字符组成的用以标识检测报告的完整的、格式化的一组代码，是检测报告上标注的报告唯一性标识。
			1003		产品型号	便于使用、制造、设计等部门进行业务联系和简化技术文件中产品名称、规格、型式等叙述而引用的一种代号。
			1004		电压等级	根据传输与使用的需要，按电压有效值的大小所分的若干级别。
			1005		额定容量	设计电容器时所规定的无功功率。
			1006		单台容量	设计单台电容器时所规定的无功功率。
			1007		报告出具时间	企业检测报告出具的年月日，采用YYYYMMDD的日期形式。
			1008		检测报告有效期至	认证证书有效期的截止年月日，采用YYYYMMDD的日期形式。
			1009		委托单位	委托检测活动的单位。
			1010		报告扫描件	用扫描仪将检测报告正本扫描得到的电子文件。
			1011		外观检查—长	对物料的长度进行检查。
			1012		外观检查—宽	对物料的宽度进行检查。
			1013		外观检查—高	对物料的高度进行检查。
			1014		密封性试验	单元（在无涂层状态下）应经受能有效地检测出其外壳和套管上任何渗漏的试验。

表（续）

项目编码					项目名称	说明
物资专用信息标识代码	模块代码	表代码	字段代码	字段值代码		
			1015		端子间电压试验—试验电压	每一电容器均应承受的交流试验或直流试验，历时 10s。
			1016		端子与外壳间交流电压试验（干试）—试验电压	所有端子均与外壳绝缘的电容器单元，试验电压应施加在连接在一起的端子与外壳之间的试验，历时 10s。
			1017		电容测量	在其他导体影响可以忽略时，电容器的一个电极上贮积的电荷量与两电极之间的电压的比值的测量。
				001	电容正偏差	电容的实际值与设计值的正偏差。
				002	电容负偏差	电容的实际值与设计值的负偏差。
			1018		电容器损耗角正切（$\tan\delta$）测量≤（%）	在规定的正弦交流电压和频率下，电容器的等效串联电阻与容抗之比测量。
			1019		热稳定性试验	用来确定电容器在过负载条件下的热稳定性；用来确定电容器获得损耗测量再现性的条件。
				001	陪试品间距	被试品与陪试品之间的距离。
				002	实测温升最大值	实测部件的平均温度与外部冷却介质温度之差的最大值。
			1020		高温下电容器损耗角正切（$\tan\delta$）测量≤（%）	在规定的正弦交流电压和频率下，电容器的等效串联电阻与容抗之比测量。
			1021		局部放电测量	发生在电极之间，但并未贯通的放电；这种放电测量可以在导体附近发生，也可以不在导体附近发生。
			1022		低温下局部放电试验—熄灭电压≥（kV）	当施加于试品的试验电压从某一观察到局部放电脉冲参量的较高值逐渐减小直到试品中停止出现重复性局部放电时的电压。
			1023		极对壳局放电熄灭电压测量≥（kV）	当施加于试品的试验电压从某一观察到局部放电脉冲参量的较高值逐渐减小直到试品中停止出现重复性局部放电时的电压。
			1024		短路放电试验—充电电压	单元应充以直流电，然后通过尽可能靠近电容器放置的间隙放电的试验。

表（续）

项目编码					项目名称	说明
物资专用信息标识代码	模块代码	表代码	字段代码	字段值代码		
			1025		端子与外壳间交流电压试验(湿试)—试验电压	所有端子均与外壳绝缘的电容器单元，试验电压应施加在连接在一起的端子与外壳之间的试验，历时 10s。
			1026		端子与外壳间雷电冲击电压试验—试验电压	适用于拟用于中性点绝缘的电容器组中的电容器单元以及与架空线相连接的电容器单元的试验。
			1027		内部熔丝的放电试验	在电容器极间充以 $1.7U_n$ 直流电压，经电容器端子最小间隙短路，试验前后电容变化量应小于一根内熔丝熔断的变化量的试验。
			1028		内部熔丝的隔离试验	采用直流法、对元器件串联段进行机械穿刺的方法进行的试验。
			1029		内部放电器件试验	内部放电器件的电阻（若有的话）应用测量电阻的方法来检验的试验。
			1030		套管受力试验	验证套管承受标准规定的机械力破坏的能力。
				001	拉力	在弹性限度以内，物体受外力的作用而产生的形变与所受的外力成正比。形变随力作用的方向不同而异，使物体延伸的力。
				002	扭力矩	指在外力扭动下所承受的力矩。
			1031		损耗角正切值（$\tan\delta$）与温度的关系曲线测定	采用高压电桥法在（0.9~1.1）U_n 频率为额定频率的正弦波电压下进行测量，20℃~80℃内测量 5 个点。
			1032		端子与外壳间绝缘电阻测量	端子与外壳间绝缘电阻。
			1033		外观检查（集合式适用）—长	集合式物料适用的对长度的检查。
			1034		外观检查（集合式适用）—宽	集合式物料适用的对宽度的检查。
			1035		外观检查（集合式适用）—高	集合式物料适用的对高度的检查。
			1036		密封性试验（集合式适用）	单元（在无涂层状态下）应经受能有效地检测出其外壳和套管上任何渗漏的试验。
			1037		电容测量（集合式适用）—电容偏差≤（%）	在其他导体影响可以忽略时，电容器的一个电极上贮积的电荷量与两电极之间的电压的比值偏差的测量。

表（续）

项目编码					项目名称	说明
物资专用信息标识代码	模块代码	表代码	字段代码	字段值代码		
			1038		极间耐压试验（集合式适用）—试验电压	每一电容器均应承受交流试验或直流试验，历时 10s。
			1039		极对油箱及相间工频耐压试验（干试，集合式适用）—试验电压	所有端子均与外壳绝缘的电容器单元，试验电压应施加在连接在一起的端子与外壳之间，历时 10s。
			1040		极对外壳工频耐压试验（湿试）—试验电压	所有端子均与外壳绝缘的电容器单元，试验电压应施加在连接在一起的端子与外壳之间，历时 10s。
			1041		极对油箱及相间雷电冲击耐压试验（集合式适用）—试验电压	适用于拟用于中性点绝缘的电容器组中的电容器单元以及与架空线相连接的电容器单元的试验。
			1042		放电器件检查（集合式适用）	采用仪表测量放电器件阻值的检查，与额定值的偏差不超过±5%。
			1043		绝缘冷却油试验（集合式适用）	验证绝缘冷却油性能的试验。
				001	击穿电压≥（kV）	在规定的试验条件下或在使用中发生击穿时的电压。
				002	介质损耗因数（$\tan\delta$）≤（%）	受正弦电压作用的绝缘结构或绝缘材料所吸收的有功功率值与无功功率绝对值之比。
			1044		损耗角正切值（$\tan\delta$）的测量（集合式适用）≤（%）	受正弦电压作用的绝缘结构或绝缘材料所吸收的有功功率值与无功功率绝对值之比。
			1045		温升试验（集合式适用）—实测外壳最热点温升	对集合式电容器施加 $1.2U_n$ 工频电压，维持 12h，待温度恒定后，用精确度不低于 1.0 级的温度计测量外壳最热点温升。
			1046		外壳机械强度试验（集合式适用）	产品外壳在载荷作用下抵抗变形和破坏的能力试验。
			1047		套管及线路端子的机械强度试验（集合式适用）拉力	按 DL/T 628—1997《集合式高压并联电容器订货技术条件》的规定，在套管顶部施加与其中心纵轴线垂直的拉力，在 10min 内进行 5 次的试验。按 DL/T 628—1997《集合式高压并联电容器订货技术条件》的规定，在线路端子上用力矩扳手加扭力的试验。

表（续）

项目编码					项目名称	说明
物资专用信息标识代码	模块代码	表代码	字段代码	字段值代码		
			1048		放电试验（集合式适用）	以直流充电至 2.5U_n，然后通过尽可能靠近电容器端子的间隙放电，在 30min（对电容器单元为 10min）内放电 5 次，放电试验后在 5min 内按 DL/T 628—1997《集合式高压并联电容器订货技术条件》的要求做耐压试验，历时 10s。在放电试验前及耐压试验后分别测量电容，两次测量之差应不大于一个元件损坏的电容变化值的试验。
			1049		外壳爆破能量试验（特殊试验）—耐受爆破能量≥（kW·s）	选 3 台电容器进行试验，用测量波形的方法实测注入故障电容器内部的能量。
			1050		耐久性试验（特殊试验）—过电压周期	耐久性试验是对元件（其介质设计和介质组合）以及组装成电容器单元的这些元件的制造工艺进行验证的试验。过电压周期试验是为了验证从额定最低温度到室温的范围内，反复的过电压周期不致使介质击穿而进行的型式试验。
			1051		耐久性试验（特殊试验）—老化时间	耐久性试验是对元件（其介质设计和介质组合）以及组装成电容器单元的这些元件的制造工艺进行验证的试验。老化试验是为了验证在提高的温度下，由增加电场强度所造成的加速老化不会引起介质过早击穿而进行的型式试验

附　录　C
（规范性附录）
研　发　设　计

项目编码					项目名称	说明
物资专用信息标识代码	模块代码	表代码	字段代码	字段值代码		
略	D				**研发设计**	将需求转换为产品、过程或体系规定的特性或规范的一组过程。
		01			**设计软件一览表**	反映研发设计软件情况的列表。
			1001		设计软件类别	一种计算机辅助工具，借助编程语言以表达并解决现实需求的设计软件类别。
				001	仿真计算	一种仿真软件，专门用于仿真的计算机软件。
				002	结构设计	分为建筑结构设计和产品结构设计两种，其中建筑结构又包括上部结构设计和基础设计

附 录 D
（规范性附录）
生 产 制 造

项目编码					项目名称	说明
物资专用信息标识代码	模块代码	表代码	字段代码	字段值代码		
略	E				**生产制造**	生产企业整合相关的生产资源,按预定目标进行系统性的从前端概念设计到产品实现的物化过程。
		01			**生产厂房**	反映企业生产厂房属性的统称。
			1001		生产车间所在地省	生产厂房所在省的名称。
			1002		生产车间所在地市	生产厂房所在市的名称。
			1003		生产车间所在地县	生产厂房所在县的名称。
			1004		厂房权属情况	指厂房产权在主体上的归属状态。
				001	自有	指产权归属自己。
				002	租赁	按照达成的契约协定,出租人把拥有的特定财产（包括动产和不动产）在特定时期内的使用权转让给承租人,承租人按照协定支付租金的交易行为。
				003	部分自有	指部分产权归属自己。
			1005		厂房自有率	自有厂房面积占厂房总面积的比例。
			1006		厂区总面积	厂区的总的面积。
			1007		封闭厂房总面积	设有屋顶,建筑外围护结构全部采用封闭式墙体（含门、窗）构造的生产性（储存性）建筑物的总面积。
			1008		是否含净化车间	具备空气过滤、分配、优化、构造材料和装置的房间,其中特定的规则的操作程序以控制空气悬浮微粒浓度,从而达到适当的微粒洁净度级别。
				001	是	含净化车间。
				002	否	不含净化车间。
			1009		净化车间总面积（m²）	净化车间的总面积。

表（续）

项目编码					项目名称	说明
物资专用信息标识代码	模块代码	表代码	字段代码	字段值代码		
			1010		卷制净化车间面积	卷制净化车间的总面积。
			1011		卷制净化车间温度	卷制净化车间的平均温度。
			1012		卷制净化车间相对湿度	卷制净化车间中水在空气中的蒸汽压与同温度同压强下水的饱和蒸汽压的比值。
			1013		卷制净化车间洁净度等级	卷制净化车间空气环境中空气所含尘埃量多少的程度，在一般的情况下，是指单位体积的空气中所含大于等于某一粒径粒子的数量。含尘量高则洁净度低，含尘量低则洁净度高。
				001	千级	卷制净化车间洁净度等级为千级。
				002	万级	卷制净化车间洁净度等级为万级。
				003	十万级	卷制净化车间洁净度等级为十万级。
			1014		卷制净化车间洁净度检测报告扫描件	用扫描仪将卷制净化车间洁净度检测报告进行扫描得到的电子文件。
			1015		装配净化车间温度	装配净化车间的平均温度。
			1016		装配净化车间相对湿度	装配净化车间中水在空气中的蒸汽压与同温度同压强下水的饱和蒸汽压的比值。
			1017		装配净化车间洁净度等级	装配净化车间空气环境中空气所含尘埃量多少的程度，在一般的情况下，是指单位体积的空气中所含大于等于某一粒径粒子的数量。含尘量高则洁净度低，含尘量低则洁净度高。
				001	千级	装配净化车间洁净度等级为千级。
				002	万级	装配净化车间洁净度等级为万级。
				003	十万级	装配净化车间洁净度等级为十万级。
			1018		装配净化车间洁净度检测报告扫描件	用扫描仪将装配净化车间洁净度检测报告进行扫描得到的电子文件。
		02			**主要生产设备**	反映企业拥有的关键生产设备的统称。

表（续）

项目编码					项目名称	说明
物资专用信息标识代码	模块代码	表代码	字段代码	字段值代码		
			1001		生产设备	在生产过程中为生产工人操纵的，直接改变原材料属性、性能、形态或增强外观价值所必需的劳动资料或器物。
			1002		设备类别	将设备按照不同种类进行区别归类。
			1003		设备名称	一种设备的专用称呼。
				001	全自动元件卷制机	全自动实现电容器元件卷绕工艺的专用设备。
				002	数控折弯设备	利用所配备的模具（通用或专用模具）将冷态下的金属板材折弯成各种几何截面形状的工件。
				003	氩弧焊接设备	使用氩气作为保护气体的一种焊接技术设备。
				004	油处理设备	对油进行脱水、脱气，并进行净化处理的机器。
				005	真空浸渍罐	部件或在组装和绕组接线之后的整个内定子，在真空状态下浸渍绝缘漆成为一整体的绝缘处理工艺的设备。
				006	自动抛丸机	利用抛丸器抛出的高速弹丸自动清理或强化铸件表面的铸造设备。
				007	喷漆机器人	可进行自动喷漆或喷涂其他涂料的工业机器人。
				008	起重机	用吊钩或其他取物装置吊装重物，在空间进行升降与运移等循环性作业的机械。
				009	积放式输送机	既能输送物品，又能在输送线上暂存物品，阻止物品继续输送，起到调整物品间距或物品速率作用的生产设备。
				010	热烘检测渗漏油设备	电容器单元密封性试验检测设备。
				999	其他	其他的生产设备。
			1004		设备型号	便于使用、制造、设计等部门进行业务联系和简化技术文件中产品名称、规格、型式等叙述而引用的一种代号。
			1005		数量	设备的数量。
			1006		主要技术参数项	对生产设备的主要技术性能指标项目进行描述。

表（续）

项目编码					项目名称	说明
物资专用信息标识代码	模块代码	表代码	字段代码	字段值代码		
				001	最大元件轴向长度	最大元件沿轴方向的长度。
				002	折弯精度	工作精度。
				003	额定输出电流	设备在额定电压下，按照额定功率运行时的电流。
				004	额定流量	额定工况下的流量。
				005	334kvar 电容器单元的日处理能力	仅填写处理 334kvar 电容器单元的日处理台数，每罐每次处理台数×24h/占罐时间。
				006	单台处理时间	处理单台产品的时间。
				007	S 轴旋转最大角速度	S 轴旋转在单位时间内所走的最大弧度。
				008	额定起重量（t）	起重机允许吊起的重物或物料，连同可分吊具（或属具）质量的总和（对于流动式起重机，包括固定在起重机上的吊具）。
				009	单台产品承重量	单台积放式输送机所能承载的额定重量。
			1007		主要技术参数值	对生产设备的主要技术性能指标数值进行描述。
			1008		设备制造商	制造设备的生产厂商，不是代理商或贸易商。
			1009		设备国产/进口	在国内/国外生产的设备。
				001	国产	在本国生产的生产设备。
				002	进口	向非本国居民购买生产或消费所需的原材料、产品、服务。
			1010		设备单价	购置单台生产设备的完税后价格。
			1011		设备购买合同及发票扫描件	用扫描仪将设备购买合同及发票原件扫描得到的电子文件。
			1012		设备出厂日期	设备出厂的年月日，采用 YYYYMMDD 的日期形式。
			1013		设备用途	设备是用来干什么的。
		03			生产工艺控制	反映生产工艺控制过程中一些关键要素的统称。
			1001		适用的产品类别	将适用的产品按照一定规则归类后，该类产品对应的适用的产品类别名称。

表（续）

项目编码					项目名称	说明
物资专用信息标识代码	模块代码	表代码	字段代码	字段值代码		
			1002		主要工序名称	对产品的质量、性能、功能、生产效率等有重要影响的工序。
				001	元件卷制	通过全自动元件卷制机卷制。
				002	元件封装	电路板的元件。
				003	元件焊接	将两个或两个以上分离的元件，按一定的形式和位置连接成一个整体的工艺过程。
				004	外壳制作	电容器外壳制作。
				005	芯子压装	使芯子结构定型，增加机械强度，排除内部气隙，提高电容量的稳定性，同时还可避免芯子在喷金工艺中因中心孔的导通使两极短路的工艺。
				006	套管焊接	采用氩弧焊接设备焊接套管。
				007	真空干燥及浸渍	将物料置于负压条件下，并适当通过加热达到负压状态下的沸点或者通过降温使得物料凝固后通过溶点来干燥物料的干燥方式。
				008	检漏	检查泄漏。
				009	喷漆	通过喷枪或碟式雾化器，借助于压力或离心力，分散成均匀而微细的雾滴，施涂于被涂物表面的涂装方法。
				010	总装	把部件装配成总体。
				011	试验	依据规定的程序测定产品、过程或服务的一种或多种特性的技术操作。
				999	其他	其他的生产工序。
			1003		主要关键措施	工艺文件中关于质量和产量的关键步骤。
			1004		保障提升产品性能质量的作用	工艺文件中对保障提升产品性能质量的作用。
			1005		工艺控制文件工艺环节名称	主要描述如何通过过程控制，完成最终的产品的操作文件。
				001	元件卷制	通过全自动元件卷制机卷制。
				002	元件封装	电路板的元件。

表（续）

项目编码					项目名称	说明
物资专用信息标识代码	模块代码	表代码	字段代码	字段值代码		
				003	元件焊接	将两个或两个以上分离的元件，按一定的形式和位置连接成一个整体的工艺过程。
				004	外壳制作	电容器外壳制作。
				005	芯子压装	使芯子结构定型，增加机械强度，排除内部气隙，提高电容量的稳定性，同时还可避免芯子在喷金工艺中因中心孔的导通使两极短路的工艺。
				006	套管焊接	采用氩弧焊接设备焊接套管。
				007	真空干燥及绝缘耐受试验	将物料置于负压条件下，并适当通过加热达到负压状态下的沸点或者通过降温使得物料凝固后通过溶点来干燥物料的干燥方式。
				008	检漏	检查泄漏。
				009	喷漆	通过喷枪或碟式雾化器，借助于压力或离心力，分散成均匀而微细的雾滴，施涂于被涂物表面的涂装方法。
				010	总装	把部件装配成总体。
				011	试验	依据规定的程序测定产品、过程或服务的一种或多种特性的技术操作。
				999	其他	其他的生产工序。
			1006		工艺文件名称	主要描述如何通过在过程控制，实现成最终的产品的操作文件名称。
			1007		工艺流程图	整体的工艺流程图

附　录　E
（规范性附录）
试　验　检　测

项目编码					项目名称	说明
物资专用信息标识代码	模块代码	表代码	字段代码	字段值代码		
略	F				**试验检测**	用规范的方法检验测试某种物体指定的技术性能指标。
		01			**试验检测设备一览表**	反映试验检测设备属性情况的列表。
			1001		试验检测设备	一种产品或材料在投入使用前，对其质量或性能按设计要求进行验证的仪器。
			1002		设备类别	将设备按照不同种类进行区别归类。
			1003		试验项目名称	为了了解产品性能而进行的试验项目的称谓。
				001	外观检查	对设备的外观进行检查。
				002	密封性试验	单元（在无涂层状态下）应经受能有效地检测出其外壳和套管上任何渗漏的试验。
				003	端子间电压试验	每一电容器均应承受的交流试验或直流试验，历时 10s。
				004	端子与外壳间交流电压试验（干试）	所有端子均与外壳绝缘的电容器单元，试验电压应施加在连接在一起的端子与外壳之间的试验，历时 10s。
				005	电容测量	在其他导体影响可以忽略时，电容器的一个电极上贮积的电荷量与两电极之间的电压的比值的测量。
				006	电容器损耗角正切（$\tan\delta$）测量≤（%）	在规定的正弦交流电压和频率下，电容器的等效串联电阻与容抗之比测量。
				007	局部放电测量	发生在电极之间，但并未贯通的放电测量，这种放电可以在导体附近发生，也可以不在导体附近发生。
				008	内部熔丝的放电试验	在电容器极间充以 $1.7U_n$ 直流电压，经电容器端子最小间隙短路，试验前后电容变化量应小于一根内熔丝熔断的变化量的试验。
				009	内部放电器件试验	内部放电器件的电阻（若有的话）应用测量电阻的方法来检验的试验。

表（续）

项目编码					项目名称	说明
物资专用信息标识代码	模块代码	表代码	字段代码	字段值代码		
				010	外观检查（集合式适用）	对设备的外观进行检查。
				011	密封性试验（集合式适用）	单元（在无涂层状态下）应经受能有效地检测出其外壳和套管上任何渗漏的试验。
				012	电容测量（集合式适用）	电容（定量）：在其他导体影响可以忽略时，电容器的一个电极上贮积的电荷量与两电极之间的电压的比值测量。
				013	极间耐压试验（集合式适用）	每一电容器均应承受的交流试验或直流试验，历时 10s。
				014	极对油箱及相间工频耐压试验（干试）（集合式适用）	所有端子均与外壳绝缘的电容器单元，试验电压应施加在连接在一起的端子与外壳之间的试验，历时 10s。
				015	放电器件检查（集合式适用）	采用仪表测量放电器件阻值，与额定值的偏差不超过±5%的检查。
				016	绝缘冷却油试验（集合式适用）—击穿电压≥（kV）	在规定的试验条件下或在使用中发生击穿时的电压。
				017	绝缘冷却油试验（集合式适用）—介质损耗因数（$\tan\delta$）≤（%）	受正弦电压作用的绝缘结构或绝缘材料所吸收的有功功率值与无功功率绝对值之比。
				018	损耗角正切值（$\tan\delta$）的测量（集合式适用）≤（%）	受正弦电压作用的绝缘结构或绝缘材料所吸收的有功功率值与无功功率绝对值之比。
				999	其他	其他的试验项目。
			1004		设备名称	一种设备的专用称呼。
				001	工频耐压设备	供各种电气设备和绝缘材料做电气绝缘性能试验用的变压器。
				002	直流试验设备	采用中频倍压电路、PWM 脉宽调制技术和大功率 IGBT 器件，根据电磁兼容性理论，采用特殊屏蔽、隔离和接地等措施，使直流高压试验实现了高品质、便携式并能承受额定电压放电而不损坏的试验设备。
				003	电容电桥设备	用于测量高压工业绝缘材料的介质损失角的正切值及电容量的设备。

表（续）

项目编码					项目名称	说明
物资专用信息标识代码	模块代码	表代码	字段代码	字段值代码		
				004	局放测试设备	采用特定方法进行局部放电测量的专用仪器。
				005	尘埃粒子计数器	用于测量洁净环境中单位体积内尘埃粒子数和粒径分布的仪器。
				006	冲击电压发生器	用于电力设备等试品进行雷电冲击电压全波、雷电冲击电压截波和操作冲击电压波的冲击电压试验,检验绝缘性能的装置。
				007	补偿电抗器	用于补偿容性感抗的电抗器。
				999	其他	其他的试验设备。
			1005		主要技术参数项	描述设备的主要技术要求的项目。
				001	额定容量	额定容量特征值（单位：kVA）。
				002	额定电压	额定电压特征值（单位：kV）。
				003	额定输出电压	由制造商对一电气设备在规定的工作条件下所规定的电压。
				004	介损测量准确度（$\times 10^{-5}$）	测量结果与被测量真值之间的一致程度。
				005	测量精度等级	在规定的工作下,符合规定的计量要求,使测量误差或仪器不准确度保持在规定极限内的测量仪器或测量系统的等别或级别。
				006	测试范围	在规定的条件下,可由具有一定的仪器不确定度的测量仪器或测量系统能够测量出的一组同类量的量值。
				007	额定冲击电压	冲击发生器在额定的工作条件下产生的最高电压。
				008	电抗器类型	电抗器的分类方式。
			1006		主要技术参数值	描述设备的主要技术要求的项目。
			1007		设备型号	便于使用、制造、设计等部门进行行业务联系和简化技术文件中产品名称、规格、型式等叙述而引用的一种代号。
			1008		数量	设备的数量。
			1009		主要试验检测设备单位	主要的试验检测的设备单位。

表（续）

项目编码					项目名称	说明
物资专用信息标识代码	模块代码	表代码	字段代码	字段值代码		
				001	台	设备单位为台。
				002	套	设备单位为套。
				003	个	设备单位为个。
				004	组	设备单位为组。
			1010		设备制造商	制造设备的生产厂商，不是代理商或贸易商。
			1011		设备国产/进口	在国内/国外生产的设备。
				001	国产	在本国生产的生产设备。
				002	进口	向非本国居民购买生产或消费所需的原材料、产品、服务。
			1012		设备单价	购置单台生产设备的完税后价格。
			1013		设备购买合同及发票扫描件	用扫描仪将设备购买合同及发票原件扫描得到的电子文件。
			1014		设备出厂日期	设备出厂的年月日，采用 YYYYMMDD 的日期形式。
			1015		试验检测设备用途	试验检测设备用于的试验项目。
			1016		是否具有有效的检定证书	是否具备由法定计量检定机构对仪器设备出具的证书。
			1017		检定机构	法定计量检定机构是计量行政部门依法设置或授权建立的计量技术机构，是保障我国计量单位制的统一和量值的准确可靠，为计量行政部门依法实施计量监督提供技术保证的技术机构。
		02			**试验检测人员一览表**	反映试验检测人员情况的列表。
			1001		姓名	在户籍管理部门正式登记注册、人事档案中正式记载的姓氏名称。
			1002		资质证书名称	表明劳动者具有从事某一职业所必备的学识和技能的证书的名称，通常包括行业类别、专业、等级等信息。
			1003		资质证书编号	资质证书的编号或号码。
			1004		资质证书出具机构	资质评定机关的中文全称。
			1005		资质证书出具时间	资质评定机关核发资质证书的年月日，采用 YYYYMMDD 的日期形式。

282

表（续）

项目编码					项目名称	说明
物资专用信息标识代码	模块代码	表代码	字段代码	字段值代码		
			1006		有效期至	资质证书登记的有效期的终止日期，采用 YYYYMMDD 的日期形式。
			1007		资质证书扫描件	用扫描仪将资质证书正本扫描得到的电子文件。
		03			**现场抽样检测记录表**	反映现场抽样检测记录情况的列表。
			1001		适用的产品类别	实际抽样的产品可以代表的一类产品的类别。
			1002		抽样检测产品型号	便于使用、制造、设计等部门进行业务联系和简化技术文件中产品名称、规格、型式等叙述而引用的一种代号。
			1003		抽样检测项目	从欲检测的全部样品中抽取一部分样品单位进行检测的项目。
				001	外观检查	对设备的外观进行检查。
				002	密封性试验	单元（在无涂层状态下）应经受能有效地检测出其外壳和套管上任何渗漏的试验。
				003	端子间电压试验	每一电容器均应承受的交流试验或直流试验，历时 10s。
				004	端子与外壳间交流电压试验（干试）	所有端子均与外壳绝缘的电容器单元，试验电压应施加在连接在一起的端子与外壳之间的试验，历时 10s。
				005	电容测量	在其他导体影响可以忽略时，电容器的一个电极上贮积的电荷量与两电极之间的电压的比值的测量。
				006	电容器损耗角正切（$\tan\delta$）测量≤（%）	在规定的正弦交流电压和频率下，电容器的等效串联电阻与容抗之比测量。
				007	局部放电测量	发生在电极之间，但并未贯通的放电测量，这种放电可以在导体附近发生，也可以不在导体附近发生。
				008	内部熔丝的放电试验	在电容器极间充以 $1.7U_n$ 直流电压，经电容器端子最小间隙短路，试验前后电容变化量应小于一根内熔丝熔断的变化量的试验。
				009	内部放电器件试验	内部放电器件的电阻（若有的话）应用测量电阻的方法来检验的试验。

表（续）

项目编码					项目名称	说明
物资专用信息标识代码	模块代码	表代码	字段代码	字段值代码		
				010	外观检查（集合式适用）	对设备的外观进行检查。
				011	密封性试验（集合式适用）	单元（在无涂层状态下）应经受能有效地检测出其外壳和套管上任何渗漏的试验。
				012	电容测量（集合式适用）	在其他导体影响可以忽略时，对电容器的一个电极上贮积的电荷量与两电极之间的电压的比值的测量。
				013	极间耐压试验（集合式适用）	每一电容器均应承受交流试验或直流试验，历时10s。
				014	极对油箱及相间工频耐压试验（干试，集合式适用）	所有端子均与外壳绝缘的电容器单元，试验电压应施加在连接在一起的端子与外壳之间的试验，历时10s。
				015	放电器件检查（集合式适用）	采用仪表测量放电器件阻值，与额定值的偏差不超过±5%的检查。
				016	绝缘冷却油试验（集合式适用）—击穿电压≥（kV）	在规定的试验条件下或在使用中发生击穿时的电压。
				017	绝缘冷却油试验（集合式适用）—介质损耗因数（$\tan\delta$）≤（%）	受正弦电压作用的绝缘结构或绝缘材料所吸收的有功功率值与无功功率绝对值之比。
				018	损耗角正切值（$\tan\delta$）的测量（集合式适用）≤（%）	受正弦电压作用的绝缘结构或绝缘材料所吸收的有功功率值与无功功率绝对值之比测量。
				999	其他	其他的试验项目。
			1004		抽样检测结果	对抽取样品检测项目的结论/结果。
				001	合格	抽样监测结果合格。
				002	不合格	抽样检测结果不合格。
			1005		备注	额外的说明

附　录　F
（规范性附录）
原　材　料/组　部　件

项目编码					项目名称	说明
物资专用信息标识代码	模块代码	表代码	字段代码	字段值代码		
略	G				原材料/组部件	原材料指生产某种产品所需的基本原料；组部件指某种产品的组成部件。
		01			原材料/组部件一览表	反映原材料或组部件情况的列表。
			1001		原材料/组部件名称	生产某种产品的基本原料的名称。机械的一部分，由若干装配在一起的零件所组成，此处指产品的组成部件的名称。
				001	薄膜	由原子、分子或离子沉积在基片表面形成的二维材料。
				002	铝箔	箱体采用优质的铝合金型材。
				003	绝缘油	具有良好的介电性能，适用于电气设备的油品。
				004	绝缘纸	电绝缘用纸的总称，用作电缆、线圈等电气设备的绝缘材料。
				005	外壳材料	外壳的材质。
				006	套管	由导电杆和套形绝缘件组成的一种组件，用它使其内的导体穿过如墙壁或油箱一类的结构件，并构成导体与此结构件之间的电气绝缘。
				007	电抗器	也叫电感器，一个导体通电时就会在其所占据的一定空间范围产生磁场，所以所有能载流的电导体都有一般意义上的感性。
				008	放电线圈	用于电力系统中与高压并联电容器连接，使电容器组从电力系统中切除后的剩余电荷迅速泄放。
				009	避雷器	用于保护电气设备免受高瞬态过电压危害并限制续流时间，也常限制续流幅值的一种电器。本术语包含运行安装时对于该电器正常功能所必须的任何外部间隙，而不论其是否作为整体的一个部件。
				010	熔断器	当电流超过规定值时，以本身产生的热量使熔体熔断，断开电路的一种电器。

表（续）

项目编码					项目名称	说明
物资专用信息标识代码	模块代码	表代码	字段代码	字段值代码		
				999	其他	其他的原材料/组部件。
			1002		原材料/组部件规格型号	反映原材料/组部件的性质、性能、品质等一系列的指标，一般由一组字母和数字以一定的规律编号组成如品牌、等级、成分、含量、纯度、大小（尺寸、重量）等。
			1003		原材料/组部件单位	原材料/组部件的单位名称。
				001	吨	原材料/组部件的单位名称为吨。
				002	个	原材料/组部件的单位名称为个。
				003	台	原材料/组部件的单位名称为台。
				004	只	原材料/组部件的单位名称为只。
				005	套	原材料/组部件的单位名称为套。
				006	组	原材料/组部件的单位为组。
			1004		原材料/组部件制造商名称	所使用的原材料/组部件的制造商的名称。
			1005		原材料/组部件国产/进口	所使用的原材料/组部件是国产或进口。
				001	国产	本国（中国）生产的原材料或组部件。
				002	进口	向非本国居民购买生产或消费所需的原材料、产品、服务。
			1006		原材料/组部件供应方式	获得原材料/组部件的方式。
				001	自制	自行制订或自己制造。
				002	外协	外包的一种形式，主要指受组织控制，由外协单位使用自己的场地、工具等要素，按组织提供的原材料、图纸、检验规程、验收准则等进行产品和服务的生产和提供，并由组织验收的过程。
				003	外购	向外界购买，是为了与外包相对应而出现的词汇，其实含义与采购相同，只是外购在国际贸易中用的更多。
				999	其他	其他的供应方式。
			1007		原材料/组部件采购方式	采购原材料/组部件的方式。

表（续）

项目编码					项目名称	说明
物资专用信息标识代码	模块代码	表代码	字段代码	字段值代码		
				001	招标采购	指采购方作为招标方，事先提出采购的条件和要求，邀请众多企业参加投标，然后由采购方按照规定的程序和标准一次性地从中择优选择交易对象，并与提出最有利条件的投标方签订协议的过程。
				002	长期合作	从长期合作单位采购。
				003	短期合作	从短期合作单位采购。
				999	其他	其他原材料/组部件的方式。
			1008		原材料/组部件生产周期	生产原材料/组部件所需要的时间。
			1009		原材料/组部件供货周期	原材料/组部件接收到客户订单到货物生产完毕，可以装船（或者交运）的时间。
				001	签订合同后半个月内	原材料/组部件供货周期为签订合同后半个月内。
				002	签订合同后半个月到1个月	原材料/组部件供货周期为签订合同后半个月到1个月。
				003	签订合同后1到3个月	原材料/组部件供货周期为签订合同后1到3个月。
				004	签订合同后3到6个月	原材料/组部件供货周期为签订合同后3到6个月。
				005	签订合同后6到12个月	原材料/组部件供货周期为签订合同后6到12个月。
				006	签订合同后12个月以上	原材料/组部件供货周期为签订合同后12个月以上。
			1010		检测方式	为确定某一物质的性质、特征、组成等而进行的试验，或根据一定的要求和标准来检查试验对象品质的优良程度的方式。
				001	本厂全检	指由本厂实施，根据某种标准对被检查产品进行全部检查。
				002	本厂抽检	指由本厂实施，从一批产品中按照一定规则随机抽取少量产品（样本）进行检验，据以判断该批产品是否合格的统计方法。
				003	委外全检	指委托给其他具有相关资质的单位实施，根据某种标准对被检查产品进行全部检查。

表（续）

项目编码					项目名称	说明
物资专用信息标识代码	模块代码	表代码	字段代码	字段值代码		
				004	委外抽检	指委托给其他具有相关资质的单位实施，从一批产品中按照一定规则随机抽取少量产品（样本）进行检验，据以判断该批产品是否合格的统计方法和理论。
				005	不检	不用检查或没有检查

附 录 G
（规范性附录）
产 品 产 能

项目编码					项目名称	说明
物资专用信息标识代码	模块代码	表代码	字段代码	字段值代码		
略	I				**产品产能**	在计划期内，企业参与生产的全部固定资产，在既定的组织技术条件下，所能生产的产品数量，或者能够处理的原材料数量。
		01			**生产能力表**	反映企业生产能力情况的列表。
			1001		产品类别	将产品按照一定规则归类后，该类产品对应的类别。
			1002		瓶颈工序名称	制约整条生产线产出量的那一部分工作步骤或工艺过程的名称。
				001	元件卷制	通过全自动元件卷制机卷制。
				002	真空干燥及浸渍	真空干燥，又名解析干燥，是一种将物料置于负压条件下，并适当通过加热达到负压状态下的沸点或者通过降温使得物料凝固后通过溶点来干燥物料的干燥方式。
				003	试验	依据规定的程序测定产品、过程或服务的一种或多种特性的技术操作

避雷器供应商专用信息

目　　次

避雷器供应商专用信息

1 范围

本部分规定了避雷器类物资供应商的报告证书、研发设计、生产制造、试验检测、原材料/组部件和产品产能等专用信息数据规范。

本部分适用于国家电网有限公司供应商资质能力信息核实工作,以及涉及供应商数据的相关应用。

本部分适用的避雷器类物料及其物料组编码见附录 A。

2 规范性引用文件

下列文件对于本文件的应用是必不可少的。凡是注日期的引用文件,仅注日期的版本适用于本文件。凡是不注日期的引用文件,其最新版本(包括所有的修改单)适用于本文件。

GB/T 775.3—2006　绝缘子　试验方法　第 3 部分:机械试验方法

GB/T 2009.8—1995　电工术语　绝缘子

GB/T 2317.2—2008　电力金具试验方法　第 2 部分:电晕和无线电干扰试验

GB/T 2900.1—2008　电工术语　基本术语

GB/T 2900.8—2009　电工术语　绝缘子

GB/T 2900.12—2008　电工术语　避雷器、低压电涌保护器及元件

GB/T 2900.95—2008　电工术语　变压器、调压器和电抗器

GB/T 4831—2016　旋转电机产品型号编制方法

GB/T 7354—2003　局部放电测量

GB/T 11032—2010　交流无间隙金属氧化物避雷器

GB/T 15416—2014　科技报告编号规则

GB/T 16927.1—2011　高电压试验技术　第 1 部分:一般定义及试验要求

GB/T 36104—2018　法人和其他组织统一社会信用代码数据元

DL/T 396—2010　电压等级代码

DL/T 408—1991　带电作业类硬质绝缘工具技术标准

DL/T 846.4—2016　高电压测试设备通用技术条件　第 4 部分:脉冲电流法局部放电测量仪

DL/T 848.5—2004　高压试验装置通用技术条件　第 5 部分:冲击电压发生器

B11/T 467.2—2007　北京市地方标准　信用信息目录　第 2 部分:企业

JB/T 7618—2011　避雷器密封试验
JB/T 8952—2005　交流系统用复合外套无间隙金属氧化物避雷器
JB/T 9669—1999　避雷器用橡胶密封件及材料规范

3　术语和定义

下列术语和定义适用于本文件。

3.1

报告证书　report certificate

具有相应资质、权力的机构或机关等发的证明资格或权力的文件。

3.2

研发设计　research and development design

将需求转换为产品、过程或体系规定的特性或规范的一组过程。

3.3

生产制造　production-manufacturing

生产企业整合相关的生产资源，按预定目标进行系统性的从前端概念设计到产品实现的物化过程。

3.4

试验检测　test verification

用规范的方法检验测试某种物体指定的技术性能指标。

3.5

原材料/组部件　raw material and components

指生产某种产品所需的基本原料或组成部件。

3.6

产品产能　product capacity

在计划期内，企业参与生产的全部固定资产，在既定的组织技术条件下，所能生产的产品数量。

4　符号

下列符号适用于本文件。

4.1　符号

kV：电压单位。

kW：功率单位。

kA：电流单位。

MΩ：电阻单位。

pC：局部放电量单位。

mg/L：含水量。

℃/K：热力学温标。

dB：分贝。

kPa：压强单位。

t：重量单位。

mm/kV：介电强度单位。

C：电荷单位。

℃：温度单位。

m^2：面积单位。

5　报告证书

报告证书包括交流瓷外套无间隙避雷器检测报告数据表、交流复合外套无间隙避雷器检测报告数据表、交流复合外套有串联间隙避雷器检测报告数据表、抗地震能力试验检测报告数据汇总表，报告证书见附录 B。

5.1　交流瓷外套无间隙避雷器检测报告数据表

交流瓷外套无间隙避雷器检测报告数据表包括物料描述、产品型号、报告编号、试验产品类别、试验类型、委托单位、产品制造单位、报告出具机构、报告出具时间、报告扫描件、检测报告有效期至、电压等级、标称放电电流、额定电压、标称电流下雷电残压、爬电比距检查、工频参考电压试验、工频参考电压试验—工频参考电流、直流参考电压试验、直流参考电压试验—直流参考电流、无线电干扰电压试验、局部放电试验（pC）、密封试验、0.75 倍直流参考电压下泄漏电流试验、持续电流试验、残压试验、长持续时间电流耐受试验—方波冲击电流试验、长持续时间电流耐受试验—线路放电试验、动作负载试验、工频电压耐受时间特性试验、避雷器外套绝缘耐受试验、短路电流试验—大电流耐受时间 0.2s、短路电流试验—小电流、多柱避雷器电流分布试验、人工污秽试验、雷电冲击放电能力试验—额定电荷量、机械负荷试验、脱离器试验（仅对带有脱离器的避雷器适用）、环境试验、是否具有有效的定期试验。

5.2　交流复合外套无间隙避雷器检测报告数据表

交流复合外套无间隙避雷器检测报告数据表包括物料描述、产品型号、报告编号、试验产品类别、试验类型、委托单位、产品制造单位、报告出具机构、报告出具时间、报告扫描件、有效期至、电压等级、标称放电电流、额定电压、标称电流下雷电残压、复合外套外观检查、爬电比距检查、工频参考电压试验、工频参考电压试验—工频参考电流、直流参考电压试验、直流参考电压试验—直流参考电流、无线电干扰电压试验、局部放电试验（pC）、密封试验、0.75 倍直流参考电压下泄漏电流试验、持续电流试验、残压试验、方波冲击电流耐受试验、动作负载试验、工频电压耐受时间特性试验、避雷器外套绝缘耐受试验、短路电流试验—大电流耐受时间 0.2s、短路电流试验—小电流、多柱避雷器电流分布试验、人工污秽试验、雷电冲击放电能力试验—额定电荷量、避雷器湿气浸入试验、避雷器气候老化试验、机械性能试验、脱离器试验（仅对带有脱离器的避雷器适用）、环境试验、是否具有有效的定期试验。

5.3 交流复合外套有串联间隙避雷器检测报告数据表

交流复合外套有串联间隙避雷器检测报告数据表包括物料描述、产品型号、报告编号、试验产品类别、试验类型、委托单位、产品制造单位、报告出具机构、报告出具时间、报告扫描件、有效期至、电压等级、标称放电电流、额定电压、标称电流下雷电残压、复合外套及支撑件外观检查（外串联绝缘子间隙复合避雷器适用）、间隙距离测量（外串联绝缘子间隙复合避雷器适用）、支撑件工频耐受电压试验（外串联绝缘子间隙复合避雷器适用）、支撑件陡波冲击电压试验（外串联绝缘子间隙复合避雷器适用）、爬电比距检查、工频参考电压试验、工频参考电压试验—工频参考电流、直流参考电压试验、直流参考电压试验—直流参考电流、无线电干扰电压试验、局部放电试验（pC）、密封试验、0.75倍直流参考电压下泄漏电流试验、持续电流试验、残压试验、电流冲击耐受试验、动作负载试验、工频电压耐受时间特性试验、避雷器外套绝缘耐受试验、避雷器湿气浸入试验、避雷器气候老化试验、机械性能试验、短路电流试验—大电流耐受时间0.2s、短路电流试验—小电流、雷电冲击放电能力试验—额定电荷量、雷电冲击放电电压试验（外串联绝缘子间隙复合避雷器适用）、雷电冲击伏秒特性试验（外串联绝缘子间隙复合避雷器适用）、工频耐受电压试验（外串联绝缘子间隙复合避雷器适用）、金具镀锌检查（外串联绝缘子间隙复合避雷器适用）、电流冲击耐受试验、本体故障后绝缘耐受试验（外串联绝缘子间隙复合避雷器适用）、人工污秽试验（外串联绝缘子间隙复合避雷器适用）、工频续流遮断试验（外串联绝缘子间隙复合避雷器适用）、绝缘耐受试验、放电电压试验—工频电压耐受试验（外串联空气间隙复合避雷器适用）、大电流冲击耐受试验（外串联空气间隙复合避雷器适用）、振动试验（外串联空气间隙复合避雷器适用）、无线电干扰电压及可见电晕试验—无线电干扰实验（外串联空气间隙复合避雷器适用）、无线电干扰电压及可见电晕试验—可见电晕试验（外串联空气间隙复合避雷器适用）、是否具有有效的定期试验。

5.4 抗地震能力试验检测报告数据汇总表

抗地震能力试验检测报告数据汇总表包括报告编号、试验产品类别、产品型号、报告出具日期、检测机构、报告扫描件。

6 研发设计

研发设计包括设计软件一览表，研发设计信息见附录C。

6.1 设计软件一览表

设计软件一览表包括设计软件类别。

7 生产制造

生产制造主要包括生产厂房、主要生产设备、生产工艺控制，生产制造信息见附录D。

7.1 生产厂房

生产厂房包括生产厂房所在地、厂房产权情况、租赁起始日期、租赁截止日期、厂区总面积、封闭厂房总面积、是否含净化车间、净化车间总面积、净化车间平均温度、净化车间相对湿度、净化车间洁净度等级。

7.2 主要生产设备

主要生产设备包括生产设备、设备类别、设备名称、设备型号、数量、主要技术参数项、主要技术参数值、设备制造商、设备国产/进口、设备出厂日期、设备单价、设备购买合同及发票扫描件、备注。

7.3 生产工艺控制

生产工艺控制包括适用的产品类别、主要工序名称、工艺文件名称、是否具有相应记录、整体执行情况、工艺文件扫描件、备注。

8 试验检测

试验检测包括试验检测设备一览表、试验检验人员一览表、现场抽样检测记录表，试验检测信息见附录 E。

8.1 试验检测设备一览表

试验检测设备一览表包括试验检测设备、设备类别、试验项目名称、设备名称、设备型号、数量、单位、主要技术参数项、主要技术参数值、是否具有有效的检定证书、设备制造商、设备国产/进口、设备单价、设备购买合同及发票扫描件、备注。

8.2 试验检测人员一览表

试验检测人员一览表包括姓名、资质证书名称、资质证书编号、资质证书出具机构、资质证书出具时间、有效期至、资质证书扫描件。

8.3 现场抽样检测记录表

现场抽样检测记录表包括产品类别、抽样检测产品型号、抽样检测产品编号、抽样检测项目、抽样检测结果、现场抽样检测时间、备注。

9 原材料/组部件

原材料/组部件包括原材料/组部件一览表，原材料/组部件信息见附录 F。

9.1 原材料/组部件一览表

原材料/组部件一览表包括原材料/组部件名称、原材料/组部件规格型号、原材料/组部件制造商名称、原材料/组部件国产/进口、原材料/组部件供应方式、原材料/组部件采购方式、原材料/组部件入厂检测方式。

10 产品产能

产品产能包括生产能力表，产品产能信息见附录 G。

10.1 生产能力表

生产能力表包括产品类型、瓶颈工序名称。

附 录 A
（规范性附录）
适用的物资及物资专用信息标识代码

物资类别	物料所属大类	物资所属中类	物资名称	物资专用信息标识代码
避雷器	一次设备	避雷器	交流避雷器	G1020001

附 录 B

（规范性附录）

报 告 证 书

项目编码					项目名称	说明
物资专用信息标识代码	模块代码	表代码	字段代码	字段值代码		
略	C				报告证书	具有相应资质、权力的机构或机关等发的证明资格或权力的文件。
		01			交流瓷外套无间隙避雷器检测报告数据表	反映交流瓷外套无间隙避雷器检测报告数据内容情况的列表。
			1001		物料描述	以简短的文字、符号或数字、号码来代表物料、品名、规格或类别及其他有关事项。
			1002		产品型号	便于使用、制造、设计等部门进行业务联系和简化技术文件中产品名称、规格、型式等叙述而引用的一种代号。
			1003		报告编号	采用字母、数字混合字符组成的用以标识检测报告的完整的、格式化的一组代码，是检测报告上标注的报告唯一性标识。
			1004		试验产品类别	指将试验产品进行归类。
			1005		试验类型	对不同试验方式进行区别分类。
				001	型式试验	完成一种新的避雷器设计开发时所做的试验，以确定代表性的性能，并证明符合有关标准。
				002	定期试验	制造厂在特殊情况下或规定的年限内而进行的产品质量监督试验。
				999	其他	其他的试验类型。
			1006		委托单位	委托检测活动的单位。
			1007		产品制造单位	检测报告中送检样品的生产制造单位。
			1008		报告出具机构	应申请检验人的要求，对产品进行检验后所出具书面证明的检验机构。
			1009		报告出具时间	企业检测报告出具的年月日，采用YYYYMMDD的日期形式。
			1010		报告扫描件	用扫描仪将检测报告正本扫描得到的电子文件。

表（续）

项目编码					项目名称	说明
物资专用信息标识代码	模块代码	表代码	字段代码	字段值代码		
			1011		检测报告有效期至	认证证书有效期的截止年月日，采用 YYYYMMDD 的日期形式。
			1012		电压等级	根据传输与使用的需要，按电压有效值的大小所分的若干级别。
			1013		标称放电电流	通过避雷器具有 8/20 波形的电流峰值。
			1014		额定电压	施加到避雷器端子间的最大允许工频电压有效值。
			1015		标称电流下雷电残压	标称电流下放电电流通过避雷器时其端子间的最大电压峰值。
			1016		爬电比距检查	电力设备外绝缘的爬电距离与设备或使用该设备的系统最高电压之比的检查。
			1017		工频参考电压试验	在避雷器通过工频参考电流时测量避雷器工频电压峰值除以 $\sqrt{2}$ 的试验。
			1018		工频参考电压试验—工频参考电流	用于确定避雷器工频参考电压的工频电流阻性分量的峰值（如果电流是非对称的，取两个极性中较高的峰值）。
			1019		直流参考电压试验	用来确定在避雷器通过直流参考电流时测出的避雷器的直流电压平均值。如果电压与极性有关，取低值。
			1020		直流参考电压试验—直流参考电流	用于确定避雷器直流参考电压的直流电流平均值。
			1021		无线电干扰电压试验	测量无线电干扰电压。
			1022		局部放电试验（pC）	发生在电极之间，但并未贯通的放电，这种放电可以在导体附近发生，也可以不在导体附近发生。
			1023		密封试验	用来验证避免对电气和（或）机械性能有影响的物质进入避雷器内部的能力。
			1024		0.75 倍直流参考电压下泄漏电流试验	对避雷器施加 0.75 倍直流参考电压，测量通过避雷器的泄漏电流。
			1025		持续电流试验	用来测量施加持续运行电压时流过避雷器的电流。
				001	持续电流试验—全电流	对避雷器施加持续运行电压，测量通过避雷器的全电流。

表（续）

项目编码					项目名称	说明
物资专用 信息标识 代码	模块 代码	表 代码	字段 代码	字段值 代码		
				002	持续电流试验— 阻性电流	对避雷器施加持续运行电压，测量通过避雷器的阻性电流。
			1026		残压试验	为了获得各种规定的电流和波形下某种给定设计的最大残压的试验。
				001	残压试验—陡波 冲击残压试验	用来测量在陡波冲击电流下的通过避雷器时其端子的最大电压峰值。
				002	残压试验—雷电 冲击残压试验	用来测量在雷电冲击电流下的通过避雷器时其端子的最大电压峰值。
				003	残压试验—操作 冲击残压试验	用来测量在操作电流冲击下的通过避雷器时其端子的最大电压峰值。
			1027		长持续时间电流 耐受试验—方波冲击电流试验	通过一种方波电流冲击试验验证长持续时间耐受能力。
			1028		长持续时间电流 耐受试验—线路放电试验	用来测量对避雷器施加电流冲击以规定的线路参数下预充电线路通过避雷器放电所产生的冲击电流。
				001	1 级	
				002	2 级	
				003	3 级	
				004	4 级	
				005	5 级	
			1029		动作负载试验	对避雷器施加一定次数的规定冲击，并同时施加规定电压和频率的工频电源以模拟运行条件的试验。
				001	动作负载试验— 加速老化试验	按照一定的规定，在规定的时间和温度下，向试品施加规定的电压，以考核非线性电阻片老化性能的一种模拟试验。
				002	动作负载试验— 大电流冲击动作负载试验	按照所规定的试验程序和条件，向试品施加规定次数和幅值的雷电冲击电流以及规定幅值的电源电压，以考核试品耐受能力的一种试验。
			1030		工频电压耐受时间特性试验	用来测量在规定条件下，对避雷器施加规定的工频电压，避雷器不损坏、不发生热崩溃时所对应的最大持续时间的关系曲线。

表（续）

项目编码					项目名称	说明
物资专用信息标识代码	模块代码	表代码	字段代码	字段值代码		
				001	工频电压耐受时间特性试验—1.20U_R（s）（至少三点）	用来测量在规定条件下，对避雷器施加1.2倍工频电压，避雷器不损坏、不发生热崩溃时所对应的最大持续时间的关系曲线。
				002	工频电压耐受时间特性试验—1.15U_R（s）（至少三点）	用来测量在规定条件下，对避雷器施加1.15倍工频电压，避雷器不损坏、不发生热崩溃时所对应的最大持续时间的关系曲线。
				003	工频电压耐受时间特性试验—1.1U_R（s）（至少三点）	用来测量在规定条件下，对避雷器施加1.1倍工频电压，避雷器不损坏、不发生热崩溃时所对应的最大持续时间的关系曲线。
				004	工频电压耐受时间特性试验—1.0U_R（h）（至少三点）	用来测量在规定条件下，对避雷器施加额定工频电压，避雷器不损坏、不发生热崩溃时所对应的最大持续时间的关系曲线。
				005	工频电压耐受时间特性试验—0.85U_R（h）（至少三点）	用来测量在规定条件下，对避雷器施加0.85倍工频电压，避雷器不损坏、不发生热崩溃时所对应的最大持续时间的关系曲线。
			1031		避雷器外套绝缘耐受试验	用于验证避雷器外套绝缘耐受性能的试验。
				001	避雷器外套绝缘耐受试验—工频干耐受水平	对干燥的避雷器进行工频耐压试验。
				002	避雷器外套绝缘耐受试验—工频湿耐受水平	对避雷器进行淋湿而后进行工频耐压试验。
				003	避雷器外套绝缘耐受试验—雷电冲击耐受水平	雷电耐受水平等于1.3倍避雷器的雷电冲击保护水平。
				004	避雷器外套绝缘耐受试验—操作冲击耐受（额定电压288kV及以上适用）	在操作冲击电压冲击下的耐受水平。
			1032		短路电流试验—大电流耐受时间0.2s	大电流下的短路试验。

表（续）

项目编码					项目名称	说明
物资专用信息标识代码	模块代码	表代码	字段代码	字段值代码		
				001	63	大电流下的短路电流值，单位为 kA。
				002	50	大电流下的短路电流值，单位为 kA。
				003	40	大电流下的短路电流值，单位为 kA。
			1033		短路电流试验—小电流	小电流下的短路试验。
				001	800	小电流短路电流值，单位为 A。
				002	600	小电流短路电流值，单位为 A。
			1034		多柱避雷器电流分布试验	制造厂应规定一个适当的冲击电流值，其值为标称放电电流的 0.01 倍～1.0 倍，在该电流下测量通过每柱的电流的试验。
			1035		人工污秽试验	验证避雷器在污秽条件下的耐电能力。
				001	Ⅲ级	大气污染较严重地区，重雾和重盐碱地区，离海岸盐场 1km～3km 地区，工业与人口密度较大地区，离化学污染和炉烟污秽 300m～1500m 的较严重污秽地区。
				002	Ⅳ级	大气污染特别严重地区，离海岸盐场 1km 以内地区，离化学污染和炉烟污秽 300m 以内的地区。
			1036		雷电冲击放电能力试验—额定电荷量	安装在标称系统下电压超过 35kV 及以上架空线路中的避雷器的雷电冲击放电试验，在期间每次冲击测得电荷。
			1037		机械负荷试验	用来测量施加作用在垂直安装避雷器外套顶端的水平力。
			1038		脱离器试验（仅对带有脱离器的避雷器适用）	对脱离器施加避雷器的最高额定电压 1.2 倍的工频电压的试验，一般用于脱离器不能给出有效和永久脱离的明显证明。
			1039		环境试验	通过加速试验程序验证避雷器的密封机械性能和避雷器的外露金属件没有受环境条件的损伤。
			1040		是否具有有效的定期试验	是否具有制造厂在特殊情况下或规定的年限内而进行的产品质量监督试验。
		02			交流复合外套无间隙避雷器检测报告数据表	反映交流复合外套无间隙避雷器检测报告数据内容情况的列表。

表（续）

项目编码					项目名称	说明
物资专用信息标识代码	模块代码	表代码	字段代码	字段值代码		
			1001		物料描述	以简短的文字、符号或数字、号码来代表物料、品名、规格或类别及其他有关事项的一种管理工具。
			1002		产品型号	便于使用、制造、设计等部门进行业务联系和简化技术文件中产品名称、规格、型式等叙述而引用的一种代号。
			1003		报告编号	采用字母、数字混合字符组成的用以标识检测报告的完整的、格式化的一组代码，是检测报告上标注的报告唯一性标识。
			1004		试验产品类别	指将产品进行归类。
			1005		试验类型	对不同试验方式进行区别分类。
				001	型式试验	完成一种新的避雷器设计开发时所做的试验，以确定代表性的性能，并证明符合有关标准。
				002	定期试验	制造厂在特殊情况下或规定的年限内而进行的产品质量监督试验。
				999	其他	其他试验类型。
			1006		委托单位	委托检测活动的单位。
			1007		产品制造单位	检测报告中送检样品的生产制造单位。
			1008		报告出具机构	应申请检验人的要求，对产品进行检验后所出具书面证明的检验机构。
			1009		报告出具时间	企业检测报告出具的年月日，采用YYYYMMDD的日期形式。
			1010		报告扫描件	用扫描仪将检测报告正本扫描得到的电子文件。
			1011		有效期至	证书上等级的有效期的终止日期，采用YYYYMMDD的日期形式。
			1012		电压等级	根据传输与使用的需要，按电压有效值的大小所分的若干级别。
			1013		标称放电电流	通过避雷器具有 8/20 波形的电流峰值。
			1014		额定电压	施加到避雷器端子间的最大允许工频电压有效值。
			1015		标称电流下雷电残压	标称电流下放电电流通过避雷器时其端子间的最大电压峰值。

表（续）

项目编码					项目名称	说明
物资专用信息标识代码	模块代码	表代码	字段代码	字段值代码		
			1016		复合外套外观检查	用聚合物和复合材料做外套封装材料并带有部件和密封系统的避雷器的外表单个缺陷面积检查。
			1017		爬电比距检查	检查电力设备外绝缘的爬电距离与设备或使用该设备的系统最高电压之比。
			1018		工频参考电压试验	在避雷器通过工频参考电流时测量避雷器工频电压峰值除以 $\sqrt{2}$ 的试验。
			1019		工频参考电压试验—工频参考电流	用于确定避雷器工频参考电压的工频电流阻性分量的峰值（如果电流是非对称的，取两个极性中较高的峰值）。
			1020		直流参考电压试验	在避雷器通过直流参考电流时测出的避雷器的直流电压平均值。如果电压与极性有关，取低值。
			1021		直流参考电压试验—直流参考电流	用于确定避雷器直流参考电压的直流电流平均值。
			1022		无线电干扰电压试验	测量无线电干扰电压。
			1023		局部放电试验（pC）	发生在电极之间，但并未贯通的放电试验，这种放电可以在导体附近发生，也可以不在导体附近发生。
			1024		密封试验	用来测量避免对电气和（或）机械性能有影响的物质进入避雷器内部的能力。
			1025		0.75倍直流参考电压下泄漏电流试验	对避雷器施加0.75倍直流参考电压，测量通过避雷器的泄漏电流。
			1026		持续电流试验	用来测量施加持续运行电压时流过避雷器的电流。
				001	持续电流试验—全电流	对避雷器施加持续运行电压，测量通过避雷器的全电流。
				002	持续电流试验—阻性电流	对避雷器施加持续运行电压，测量通过避雷器的阻性电流。
			1027		残压试验	用来验证不与变压器绕组连接的变压器辅助接线绝缘。
				001	残压试验—陡波冲击残压试验	用来测量在陡波冲击电流下的通过避雷器时其端子的最大电压峰值。

表（续）

项目编码					项目名称	说明
物资专用信息标识代码	模块代码	表代码	字段代码	字段值代码		
				002	残压试验—雷电冲击残压试验	用来测量在雷电冲击电流下的通过避雷器时其端子的最大电压峰值。
				003	残压试验—操作冲击残压试验	用来测量在操作电流冲击下的通过避雷器时其端子的最大电压峰值。
			1028		方波冲击电流耐受试验	通过一种方波电流冲击试验验证长持续时间耐受能力。
			1029		动作负载试验	对避雷器施加一定次数的规定冲击，并同时施加规定电压和频率的工频电源以模拟运行条件的试验。
				001	动作负载试验—加速老化试验	按照一定的规定，在规定的时间和温度下，向试品施加规定的电压，以考核非线性电阻片老化性能的一种模拟试验。
				002	动作负载试验—大电流冲击动作负载试验	按照所规定的试验程序和条件，向试品施加规定次数和幅值的雷电冲击电流以及规定幅值的电源电压，以考核试品耐受能力的一种试验。
			1030		工频电压耐受时间特性试验	用来测量在规定条件下，对避雷器施加规定的工频电压，避雷器不损坏、不发生热崩溃时所对应的最大持续时间的关系曲线。
				001	工频电压耐受时间特性试验—1.20 U_R（s）（至少三点）	用来测量在规定条件下，对避雷器施加1.2 倍工频电压，避雷器不损坏、不发生热崩溃时所对应的最大持续时间的关系曲线。
				002	工频电压耐受时间特性试验—1.15 U_R（s）（至少三点）	用来测量在规定条件下，对避雷器施加1.15 倍工频电压，避雷器不损坏、不发生热崩溃时所对应的最大持续时间的关系曲线。
				003	工频电压耐受时间特性试验—1.1 U_R（s）（至少三点）	用来测量在规定条件下，对避雷器施加1.1 倍工频电压，避雷器不损坏、不发生热崩溃时所对应的最大持续时间的关系曲线。
				004	工频电压耐受时间特性试验—1.0 U_R（h）（至少三点）	用来测量在规定条件下，对避雷器施加额定工频电压，避雷器不损坏、不发生热崩溃时所对应的最大持续时间的关系曲线。
				005	工频电压耐受时间特性试验—0.85 U_R（h）（至少三点）	用来测量在规定条件下，对避雷器施加0.85 倍工频电压，避雷器不损坏、不发生热崩溃时所对应的最大持续时间的关系曲线。

表（续）

项目编码					项目名称	说明
物资专用信息标识代码	模块代码	表代码	字段代码	字段值代码		
			1031		避雷器外套绝缘耐受试验	用于验证避雷器外套绝缘耐受性能的试验。
				001	避雷器外套绝缘耐受试验—工频干耐受水平	对干燥的避雷器进行工频耐压试验。
				002	避雷器外套绝缘耐受试验—工频湿耐受水平	对避雷器进行淋湿而后进行工频耐压试验。
				003	避雷器外套绝缘耐受试验—雷电冲击耐受水平	雷电耐受水平等于 1.3 倍避雷器的雷电冲击保护水平。
				004	避雷器外套绝缘耐受试验—操作冲击耐受（额定电压 288kV 及以上适用）	在操作冲击电压冲击下的耐受水平。
			1032		短路电流试验—大电流耐受时间 0.2s	大电流下的短路试验。
				001	63	大电流下的短路电流值，单位为 kA。
				002	50	大电流下的短路电流值，单位为 kA。
				003	40	大电流下的短路电流值，单位为 kA。
			1033		短路电流试验—小电流	小电流下的短路试验。
				001	800	小电流短路电流值，单位为 A。
				002	600	小电流短路电流值，单位为 A。
			1034		多柱避雷器电流分布试验	按照规定的冲击电流值（为标称放电电流的 0.01 倍～1.0 倍）下测量通过避雷器每柱的电流的试验。本试验应对所有的并联的电阻片组进行试验。
			1035		人工污秽试验	验证避雷器在污秽条件下的耐电能力。
				001	Ⅲ级	大气污染较严重地区，重雾和重盐碱地区，离海岸盐场 1km～3km 地区，工业与人口密度较大地区，离化学污染和炉烟污秽 300m～1500m 的较严重污秽地区。
				002	Ⅳ级	大气污染特别严重地区，离海岸盐场 1km 以内地区，离化学污染和炉烟污秽 300m 以内的地区。

表（续）

项目编码					项目名称	说明
物资专用信息标识代码	模块代码	表代码	字段代码	字段值代码		
			1036		雷电冲击放电能力试验—额定电荷量（C）	安装在标称系统下电压超过 35kV 及以上架空线路中的避雷器的雷电冲击放电试验，在期间每次冲击所测得电荷。
			1037		避雷器湿气浸入试验	验证避雷器在承受规定机械应力之后抵御湿气入侵的能力。
			1038		避雷器气候老化试验	验证避雷器耐受规定气候条件的能力。
			1039		机械性能试验	测定材料在一定环境条件下受力或能量作用时所表现出的特性的试验。
				001	机械性能试验—拉伸负荷试验（仅对悬挂式适用）（N）	沿避雷器轴线方向施加力拉伸的试验。
				002	机械性能试验—抗弯负荷试验（仅对非悬挂式适用）（N）	对避雷器顶部施加与避雷器轴线垂直的力的试验。
			1040		脱离器试验（仅对带有脱离器的避雷器适用）	对脱离器施加避雷器的最高额定电压1.2 倍的工频电压的试验，一般用于脱离器不能给出有效和永久脱离的明显证明。
			1041		环境试验	通过加速试验程序验证避雷器的密封机械性能和避雷器的外露金属件没有受环境条件的损伤。
			1042		是否具有有效的定期试验	是否具有制造厂在特殊情况下或规定的年限内而进行的产品质量监督试验。
		03			交流复合外套有串联间隙避雷器检测报告数据表	反映交流复合外套有串联间隙避雷器检测报告数据内容情况的列表。
			1001		物料描述	以简短的文字、符号或数字、号码来代表物料、品名、规格或类别及其他有关事项的一种管理工具。
			1002		产品型号	便于使用、制造、设计等部门进行业务联系和简化技术文件中产品名称、规格、型式等叙述而引用的一种代号。
			1003		报告编号	采用字母、数字混合字符组成的用以标识检测报告的完整的、格式化的一组代码，是检测报告上标注的报告唯一性标识。

表（续）

项目编码					项目名称	说明
物资专用信息标识代码	模块代码	表代码	字段代码	字段值代码		
			1004		试验产品类别	指将产品进行归类。
			1005		试验类型	对不同检验方式进行区别分类。
				001	型式试验	完成一种新的避雷器设计开发时所做的试验，以确定代表性的性能，并证明符合有关标准。
				002	定期试验	制造厂在特殊情况下或规定的年限内而进行的产品质量监督试验。
				999	其他	其他的试验类型。
			1006		委托单位	委托检测活动的单位。
			1007		产品制造单位	检测报告中送检样品的生产制造单位。
			1008		报告出具机构	应申请检验人的要求，对产品进行检验后所出具书面证明的检验机构。
			1009		报告出具时间	企业检测报告出具的年月日，采用YYYYMMDD 的日期形式。
			1010		报告扫描件	用扫描仪将检测报告正本扫描得到的电子文件。
			1011		有效期至	认证证书有效期的截止年月日，采用YYYYMMDD 的日期形式。
			1012		电压等级	根据传输与使用的需要按电压有效值的大小所分的若干级别。
			1013		标称放电电流	通过避雷器具有 8/20 波形的电流峰值。
			1014		额定电压	施加到避雷器端子间的最大允许工频电压有效值。
			1015		标称电流下雷电残压	标称电流下放电电流通过避雷器时其端子间的最大电压峰值。
			1016		复合外套及支撑件外观检查（外串联绝缘子间隙复合避雷器适用）	用聚合物和复合材料做外套封装材料并带有部件和密封系统的避雷器的外表单个缺陷面积检查。
			1017		间隙距离测量（外串联绝缘子间隙复合避雷器适用）	对避雷器间隙距离进行测量。
			1018		支撑件工频耐受电压试验（外串联绝缘子间隙复合避雷器适用）	用来测量在规定条件下，对避雷器支撑件施加额定频率下最高电压，避雷器不损坏、不发生热崩溃。

表（续）

项目编码					项目名称	说明
物资专用信息标识代码	模块代码	表代码	字段代码	字段值代码		
			1019		支撑件陡波冲击电压试验（外串联绝缘子间隙复合避雷器适用）	用来测量对避雷器支撑件施加陡波冲击电压。
			1020		爬电比距检查	检查电力设备外绝缘的爬电距离与设备或使用该设备的系统最高电压之比。
			1021		工频参考电压试验	在避雷器通过工频参考电流时测量避雷器工频电压峰值除以 $\sqrt{2}$ 的试验。
			1022		工频参考电压试验—工频参考电流	用于确定避雷器工频参考电压的工频电流阻性分量的峰值（如果电流是非对称的，取两个极性中较高的峰值）。
			1023		直流参考电压试验	在避雷器通过直流参考电流时测出的避雷器的直流电压平均值。如果电压与极性有关，取低值。
			1024		直流参考电压试验—直流参考电流	用于确定避雷器直流参考电压的直流电流平均值。
			1025		无线电干扰电压试验	测量无线电干扰电压。
			1026		局部放电试验（pC）	发生在电极之间，但并未贯通的放电试验，这种放电可以在导体附近发生，也可以不在导体附近发生。
			1027		密封试验	避免对电气和（或）机械性能有影响的物质进入避雷器内部的能力。
			1028		0.75 倍直流参考电压下泄漏电流试验	对避雷器施加 0.75 倍直流参考电压，测量通过避雷器的泄漏电流。
			1029		持续电流试验	用来测量施加持续运行电压时流过避雷器的电流。
				001	持续电流试验—全电流	对避雷器施加持续运行电压，测量通过避雷器的全电流。
				002	持续电流试验—阻性电流	对避雷器施加持续运行电压，测量通过避雷器的阻性电流。
			1030		残压试验	为了获得各种规定的电流和波形下某种给定设计的最大残压的试验。
				001	残压试验—陡波冲击残压试验	用来测量在陡波冲击电流下的通过避雷器时其端子的最大电压峰值。

表（续）

项目编码					项目名称	说明
物资专用信息标识代码	模块代码	表代码	字段代码	字段值代码		
				002	残压试验—雷电冲击残压试验	用来测量在雷电冲击电流下的通过避雷器时其端子的最大电压峰值。
				003	残压试验—操作冲击残压试验	用来测量在操作电流冲击下的通过避雷器时其端子的最大电压峰值。
			1031		电流冲击耐受试验	用于验证承受规定电流冲击的耐受试验。
				001	电流冲击耐受试验—方波冲击（外串联绝缘子间隙复合避雷器适用）	通过一种方波电流冲击试验验证长持续时间耐受能力。
				002	电流冲击耐受试验—大电流冲击（外串联绝缘子间隙复合避雷器适用）	用来测量对冲击波形为 4/10 的放电电流峰值冲击电流的耐受能力。
			1032		动作负载试验	对避雷器施加一定次数的规定冲击，并同时施加规定电压和频率的工频电源以模拟运行条件的试验。
				001	动作负载试验—加速老化试验	按照一定的规定，在规定的时间和温度下，向试品施加规定的电压，以考核非线性电阻片老化性能的一种模拟试验。
				002	动作负载试验—大电流冲击动作负载试验	按照所规定的试验程序和条件，向试品施加规定次数和幅值的雷电冲击电流以及规定幅值的电源电压，以考核试品耐受能力的一种试验。
			1033		工频电压耐受时间特性试验	用于测量在规定条件下，对避雷器施加工频电压，避雷器不损坏、不发生热崩溃时所对应的最大持续时间的关系曲线的试验。
				001	工频电压耐受时间特性试验—1.20 U_R（s）（至少三点）	用来测量在规定条件下，对避雷器施加 1.2 倍工频电压，避雷器不损坏、不发生热崩溃时所对应的最大持续时间的关系曲线。
				002	工频电压耐受时间特性试验—1.15 U_R（s）（至少三点）	用来测量在规定条件下，对避雷器施加 1.15 倍工频电压，避雷器不损坏、不发生热崩溃时所对应的最大持续时间的关系曲线。
				003	工频电压耐受时间特性试验—1.1 U_R（s）（至少三点）	用来测量在规定条件下，对避雷器施加 1.1 倍工频电压，避雷器不损坏、不发生热崩溃时所对应的最大持续时间的关系曲线。

表（续）

项目编码					项目名称	说明
物资专用信息标识代码	模块代码	表代码	字段代码	字段值代码		
				004	工频电压耐受时间特性试验—1.0 U_R（h）（至少三点）	用来测量在规定条件下，对避雷器施加额定工频电压，避雷器不损坏、不发生热崩溃时所对应的最大持续时间的关系曲线。
				005	工频电压耐受时间特性试验—0.85 U_R（h）（至少三点）	用来测量在规定条件下，对避雷器施加0.85倍工频电压，避雷器不损坏、不发生热崩溃时所对应的最大持续时间的关系曲线。
			1034		避雷器外套绝缘耐受试验	用于验证避雷器外套绝缘耐受性能的试验。
				001	避雷器外套绝缘耐受试验—工频干耐受水平	对干燥的避雷器进行工频耐压试验。
				002	避雷器外套绝缘耐受试验—工频湿耐受水平	对避雷器进行淋湿而后进行工频耐压试验。
				003	避雷器外套绝缘耐受试验—雷电冲击耐受水平	雷电耐受水平等于1.3倍避雷器的雷电冲击保护水平。
				004	避雷器外套绝缘耐受试验—操作冲击耐受（额定电压288kV及以上适用）	在操作冲击电压冲击下的耐受水平。
			1035		避雷器湿气浸入试验	验证避雷器在承受规定机械应力之后抵御湿气入侵的能力。
			1036		避雷器气候老化试验	验证避雷器耐受规定气候条件的能力。
			1037		机械性能试验	验证在不同环境（温度、介质、湿度）下，承受各种外加载荷（拉伸、压缩、弯曲、扭转、冲击、交变应力等）时所表现出的力学特征的试验。
				001	机械性能试验—拉伸负荷试验（仅对悬挂式适用）	沿避雷器轴线方向施加力拉伸。
				002	机械性能试验—抗弯负荷试验（仅对非悬挂式适用）	用来测量对避雷器顶部施加与避雷器轴线垂直的力。

表（续）

项目编码					项目名称	说明
物资专用信息标识代码	模块代码	表代码	字段代码	字段值代码		
			1038		短路电流试验—大电流耐受时间0.2s	大电流下的短路试验。
				001	63	大电流短路电流值。
				002	50	大电流短路电流值。
				003	40	大电流短路电流值。
			1039		短路电流试验—小电流	小电流下的短路试验。
				001	800	小电流短路电流值。
				002	600	小电流短路电流值。
			1040		雷电冲击放电能力试验—额定电荷量	安装在标称系统下电压超过35kV及以上架空线路中的避雷器的雷电冲击放电试验，在期间每次冲击测得电荷。
			1041		雷电冲击放电电压试验（外串联绝缘子间隙复合避雷器适用）	用来测量当给定波形和极性的冲击电压加到避雷器端子上时，在避雷器放电之前电压所达到的最大值。
			1042		雷电冲击伏秒特性试验（外串联绝缘子间隙复合避雷器适用）	用来测量避雷器的冲击（击穿）放电电压与预放电时间的关系曲线。
			1043		工频耐受电压试验（外串联绝缘子间隙复合避雷器适用）	用来测量在规定条件下，对避雷器施加额定频率下最高电压，避雷器不损坏、不发生热崩溃。
			1044		金具镀锌检查（外串联绝缘子间隙复合避雷器适用）	对金具镀锌层含量进行检测。
			1045		电流冲击耐受试验	在规定的波形（方波、雷电和线路放电等）情况下，非线性电阻片耐受通过电流的能力验证试验。
			1046		本体故障后绝缘耐受试验（外串联绝缘子间隙复合避雷器适用）	本体故障后进行工频试验。

表（续）

项目编码					项目名称	说明
物资专用信息标识代码	模块代码	表代码	字段代码	字段值代码		
			1047		人工污秽试验(外串联绝缘子间隙复合避雷器适用)	验证避雷器在污秽条件下的耐电能力。
				001	Ⅲ级	大气污染较严重地区，重雾和重盐碱地区，离海岸盐场 1km～3km 地区，工业与人口密度较大地区，离化学污染和炉烟污秽 300m～1500m 的较严重污秽地区。
				002	Ⅳ级	大气污染特别严重地区，离海岸盐场 1km 以内地区，离化学污染和炉烟污秽 300m 以内的地区。
			1048		工频续流遮断试验(外串联绝缘子间隙复合避雷器适用)	测量在施加工频电压下，避雷器可自动遮断预期续流的均方根值的试验。
			1049		绝缘耐受试验	用于验证绝缘耐受性能的试验。
				001	绝缘耐受试验—SVU（避雷器本体)外套的绝缘耐受（外串联空气间隙复合避雷器适用）	避雷器外套进行工频耐受试验。
				002	绝缘耐受试验—故障时 SVU 的 EGLA（带外串联间隙线路避雷器）—操作冲击湿耐受电压试验耐受试验（外串联空气间隙复合避雷器适用）	用来测量对避雷器进行淋湿而后在操作冲击电压冲击下的耐受水平。
				003	绝缘耐受试验—故障时 SVU 的 EGLA（带外串联间隙线路避雷器）—工频湿耐受电压试验耐受试验（kV，外串联空气间隙复合避雷器适用）	对避雷器进行淋湿而后进行工频耐压试验。
			1050		放电电压试验—工频电压耐受试验（kV，外串联空气间隙复合避雷器适用）	用来测量在规定条件下，对避雷器施加额定频率下最高电压，避雷器不损坏、不发生热崩溃。

表（续）

项目编码					项目名称	说明
物资专用信息标识代码	模块代码	表代码	字段代码	字段值代码		
			1051		大电流冲击耐受试验（外串联空气间隙复合避雷器适用）	用来测量对冲击波形为 4/10 的放电电流峰值冲击电流的耐受能力。
			1052		振动试验（外串联空气间隙复合避雷器适用）	指评定产品在预期的使用环境中抗振能力而对受振动的实物或模型进行的试验。
			1053		无线电干扰电压及可见电晕试验—无线电干扰实验（外串联空气间隙复合避雷器适用）	用来衡量试品产生电晕时对周围无线电接收设备造成干扰信号的强弱。
			1054		无线电干扰电压及可见电晕试验—可见电晕试验（外串联空气间隙复合避雷器适用）	电力金具表现附近空气绝缘局部击穿而产生的气体放电现象，一般可用肉眼、望远镜或紫外成像以等一起观察到。
			1055		是否具有有效的定期试验	是否具有制造厂在特殊情况下或规定的年限内而进行的产品质量监督试验。
		04			**抗地震能力试验检测报告数据汇总表**	反映抗地震能力试验检测报告数据内容情况的列表。
			1001		报告编号	采用字母、数字混合字符组成的用以标识检测报告的完整的、格式化的一组代码，是检测报告上标注的报告唯一性标识。
			1002		试验产品类别	指将产品进行归类。
			1003		产品型号	便于使用、制造、设计等部门进行业务联系和简化技术文件中产品名称、规格、型式等叙述而引用的一种代号。
			1004		报告出具日期	企业检测报告出具的年月日，采用 YYYYMMDD 的日期形式。
			1005		检测机构	应申请检验人的要求，对产品进行检验后所出具书面证明的检验机构。
			1006		报告扫描件	用扫描仪将检测报告正本扫描得到的电子文件

附　录　C
（规范性附录）
研　发　设　计

项目编码					项目名称	说明
物资专用信息标识代码	模块代码	表代码	字段代码	字段值代码		
略	D				**研发设计**	将需求转换为产品、过程或体系规定的特性或规范的一组过程。
		01			**设计软件一览表**	反映研发设计软件情况的列表。
			1001		设计软件类别	一种计算机辅助工具，借助编程语言以表达并解决现实需求的设计软件的类别。
				001	仿真计算	一种仿真软件，专门用于仿真的计算机软件。
				002	结构设计	分为建筑结构设计和产品结构设计两种，其中建筑结构又包括上部结构设计和基础设计

附　录　D

（规范性附录）

生　产　制　造

项目编码					项目名称	说明
物资专用信息标识代码	模块代码	表代码	字段代码	字段值代码		
略	E				**生产制造**	生产企业整合相关的生产资源，按预定目标进行系统性的从前端概念设计到产品实现的物化过程。
		01			**生产厂房**	反映企业生产厂房属性的统称。
			1001		生产厂房所在地	生产厂房的地址，包括所属行政区划名称，乡（镇）、村、街名称和门牌号。
			1002		厂房权属情况	指厂房产权在主体上的归属状态。
				001	自有	指产权归属自己。
				002	租赁	按照达成的契约协定，出租人把拥有的特定财产（包括动产和不动产）在特定时期内的使用权转让给承租人，承租人按照协定支付租金的交易行为。
			1003		租赁起始日期	租赁的起始年月日，采用 YYYYMMDD 的日期形式。
			1004		租赁截止日期	租赁的截止年月日，采用 YYYYMMDD 的日期形式。
			1005		厂房总面积	厂房总的面积。
			1006		封闭厂房总面积	设有屋顶，建筑外围护结构全部采用封闭式墙体（含门、窗）构造的生产性（储存性）建筑物的总面积。
			1007		是否含净化车间	具备空气过滤、分配、优化、构造材料和装置的房间，其中特定的规则的操作程序以控制空气悬浮微粒浓度，从而达到适当的微粒洁净度级别。
			1008		净化车间总面积	净化车间的总面积。
			1009		净化车间平均温度	净化车间的平均温度。
			1010		净化车间平均相对湿度	净化车间中水在空气中的蒸汽压与同温度同压强下水的饱和蒸汽压的比值。

表（续）

项目编码					项目名称	说明
物资专用信息标识代码	模块代码	表代码	字段代码	字段值代码		
			1011		净化车间洁净度等级	净化车间空气环境中空气所含尘埃量多少的程度，在一般的情况下，是指单位体积的空气中所含大于等于某一粒径粒子的数量。含尘量高则洁净度低，含尘量低则洁净度高。
				001	万级	净化车间洁净度等级为万级。
				002	十万级	净化车间洁净度等级为十万级。
				003	十万级以上	净化车间洁净度等级为十万级以上。
	02				**主要生产设备**	反映企业拥有的关键生产设备的统称。
			1001		生产设备	在生产过程中为生产工人操纵的，直接改变原材料属性、性能、形态或增强外观价值所必需的劳动资料或器物。
			1002		设备类别	将设备按照不同种类进行区别归类。
			1003		设备名称	一种设备的专用称呼。
				001	喷雾造粒干燥机	一种通过对物料进行流态化、除尘、雾化、固化等处理，达成粒度要求后产出产品的一种干燥设备。
				002	电阻片液压成型机	编带、散装电阻、二极管等轴向元件成型切脚的设备。
				003	成套隧道炉	通过热的传导、对流、辐射完成试品烘烤的隧道式机械设备。
				004	磨片机	橡胶厂及科研单位磨制橡胶试片到一定厚度供其他试验设备进行试验的设备。
				005	复合外套成型设备	用于复合外套产品成型。
				006	自动喷铝设备	制作金属表面防护层的设备。
				007	成套电阻片检测设备	用于电阻片检测。
				008	相应的成套模具	用以磨削、研磨和抛光的工具。
				999	其他	其他设备名称。
			1004		设备型号	便于使用、制造、设计等部门进行业务联系和简化技术文件中产品名称、规格、型式等叙述而引用的一种代号。
			1005		数量	设备的数量。

表（续）

项目编码					项目名称	说明
物资专用信息标识代码	模块代码	表代码	字段代码	字段值代码		
			1006		主要技术参数项	对生产设备的主要技术性能指标项目进行描述。
				001	最大水分蒸发量	指在下垫面足够湿润条件下，水分保持充分供应的蒸发量。
				002	最大公称压力	管材在二级温度（20℃）时输水的最大工作压力。
				003	炉温稳定度绝对值	炉内温度不随时间变化保持稳定。
				004	平行度	指两平面或者两直线平行的程度，指一平面（边）相对于另一平面（边）平行的误差最大允许值。
				005	吨位	重量单位。
			1007		主要技术参数值	对生产设备的主要技术性能指标数值进行描述。
			1008		设备制造商	制造设备的生产厂商。
			1009		设备国产/进口	在国内/国外生产的设备。
				001	国产	在本国生产的生产设备。
				002	进口	向非本国居民购买生产或消费所需的原材料、产品、服务。
			1010		设备出厂日期	商品在生产线上完成所有工序，经过检验并包装成为可在市场上销售的成品时的日期和时间，采用 YYYYMMDD 的形式。
			1011		设备单价	购置单台设备购买的完税后价格。
			1012		设备购买合同及发票扫描件	用扫描仪将设备购买合同及发票原件扫描得到的电子文件。
			1013		备注	额外的说明
		03			生产工艺控制	反映生产工艺控制过程中一些关键要素的统称。
			1001		适用的产品类别	将产品进行归类。
			1002		主要工序名称	对产品的质量、性能、功能、生产效率等有重要影响的工序。
				001	喷雾造粒	将粉浆或溶液喷入造粒塔，在喷雾热风的作用下，粉浆或溶液干燥、团聚，从而得到球状团粒的造粒方法。

表（续）

项目编码					项目名称	说明
物资专用信息标识代码	模块代码	表代码	字段代码	字段值代码		
				002	电阻片成型	对元件进行加工到所需的成型电阻片。
				003	电阻片烧成	对电阻片进行烘烤。
				004	电阻片喷铝	在电阻片表面喷铝。
				005	电阻片筛选	筛选出符合要求的电阻片。
				006	电阻片配组	将电阻片按照要求配组。
				007	避雷器组装	将各种元件组装成避雷器。
				008	避雷器试验	对避雷器进行试验，测试其能否满足要求。
				999	其他	其他的主要工序名称。
			1003		工艺文件名称	主要描述如何通过过程控制，完成最终的产品的操作文件。
			1004		是否具有相应记录	是否将一套工艺的整个流程用一定的方式记录下来。
			1005		整体执行情况	按照工艺要求，对范围、成本、检测、质量等方面实施情况的体现。
				001	良好	整体执行情况为良好。
				002	一般	整体执行情况为一般。
				003	较差	整体执行情况为较差。
			1006		工艺文件扫描件	用扫描仪将工艺文件扫描得到的电子文件。
			1007		备注	额外的说明

附 录 E

（规范性附录）

试 验 检 测

项目编码					项目名称	说明
物资专用信息标识代码	模块代码	表代码	字段代码	字段值代码		
略	F				**试验检测**	用规范的方法检验测试某种物体指定的技术性能指标。
		01			**试验检测设备一览表**	反映试验检测设备属性情况的列表。
			1001		试验检测设备	一种产品或材料在投入使用前，对其质量或性能按设计要求进行验证的仪器。
			1002		设备类别	将设备按照不同种类进行区别归类。
			1003		试验项目名称	为了了解产品性能而进行的试验项目的称谓。
				001	复合外套外观检查	用聚合物和复合材料做外套封装材料并带有部件和密封系统的避雷器的外表单个缺陷面积检查。
				002	密封试验	避免对电气和（或）机械性能有影响的物质进入避雷器内部的能力。
				003	方波冲击电流耐受试验	通过一种方波电流冲击试验验证长持续时间耐受能力。
				004	直流参考电压试验	在避雷器通过直流参考电流时测出的避雷器的直流电压平均值。如果电压与极性有关，取低值。
				005	0.75 倍直流参考电压下漏电流试验	对避雷器施加 0.75 倍直流参考电压，测量通过避雷器的泄漏电流。
				006	残压试验	用来测量避雷器流过放电电流时两端的电压峰值。
				007	局部放电试验	发生在电极之间，但并未贯通的放电试验，这种放电可以在导体附近发生，也可以不在导体附近发生。
				008	大电流冲击耐受试验	用来测量对冲击波形为 4/10 的放电电流峰值冲击电流的耐受能力。
				009	加速老化试验	按照一定的规定，在规定的时间和温度下，向试品施加规定的电压，以考核非线性电阻片老化性能的一种模拟试验。

表（续）

项目编码					项目名称	说明
物资专用信息标识代码	模块代码	表代码	字段代码	字段值代码		
				010	拉伸负荷试验	沿避雷器轴线方向施加力拉伸的试验。
				011	工频参考电压试验	在避雷器通过工频参考电流时测量避雷器工频电压峰值除以 $\sqrt{2}$ 的试验。
				012	持续电流试验	用来测量施加持续运行电压时流过避雷器的电流。
				013	支撑件工频电压耐受试验（外串联绝缘子间隙复合避雷器适用）	用来测量在规定条件下，对避雷器支撑件施加额定频率下最高电压，避雷器不损坏、不发生热崩溃。
				014	间隙距离检查（外串联绝缘子间隙复合避雷器适用）	对避雷器间隙距离进行测量。
				015	多柱避雷器电流分布试验	制造厂应规定一个适当的冲击电流值，其值为标称放电电流的 0.01 倍～1.0 倍，在该电流下测量通过每柱的电流。
				016	放电电压试验（外串联空气间隙复合避雷器适用）	通过测量阀型避雷器的工频放电电压，能够反映其火花间隙结构及特性是否正常、检验其保护性能是否正常的试验。
				017	雷电冲击放电能力试验（外串联空气间隙复合避雷器适用）	安装在标称系统下电压超过 35kV 及以上架空线路中的避雷器的雷电冲击放电试验，在期间每次冲击测得电荷。
				018	振动试验（外串联空气间隙复合避雷器适用）	指评定产品在预期的使用环境中抗振能力而对受振动的实物或模型进行的试验。
				019	电流冲击耐受试验	在规定的波形（方波、雷电和线路放电等）情况下，非线性电阻片耐受通过电流的能力验证试验。
				020	机械性能试验	验证在不同环境（温度、介质、湿度）下，承受各种外加载荷（拉伸、压缩、弯曲、扭转、冲击、交变应力等）时所表现出的力学特征的试验。
			1004		设备名称	一种设备的专用称呼。
				001	直流高压发生器	提供直流高压源，是专门用来检测电力器件的电气绝缘强度和泄漏电流的设备。

表（续）

项目编码					项目名称	说明
物资专用信息标识代码	模块代码	表代码	字段代码	字段值代码		
				002	工频试验变压器	主要用于检验各种绝缘材料、绝缘结构和电工产品等耐受工频电压的绝缘水平，也作为变压器、互感器、避雷器等试品的无局部放电工频试验电源。
				003	局部放电测试仪	采用特定方法进行局部放电测量的专用仪器。
				004	残压试验设备	测量放电电流通过避雷器时其端子间的最大电压峰值的设备。
				005	方波冲击电流试验设备	用于方波冲击电流试验的设备。
				006	大电流冲击试验设备	能施放冲击波形为 4/10 的放电电流峰值的设备。
				007	冲击电压发生器	用于电力设备等试品进行雷电冲击电压全波、雷电冲击电压截波和操作冲击电压波的冲击电压试验，检验绝缘性能的装置。
				008	人工加速老化试验装置	在规定的时间和温度下，向试品施加规定的电压。以考核非线性电阻片老化性能的试验设备。
				009	阻性电流测试仪	用于测量阻性电流的仪器。
				010	氦质谱检漏仪/水煮试验箱等有效密封试验装置	用氦气或者氢气作示漏气体，以气体分析仪检测氦气而进行检漏的质谱仪/将避雷器浸入沸腾的加 NaCl 的去离子水的溶液煮，以检测其密封性。
				011	直流参考电压试验设备	用于直流参考电压试验的仪器。
				012	机械性能试验机	用于机械性能试验的仪器。
				999	其他	其他的试验设备。
			1005		设备型号	便于使用、制造、设计等部门进行业务联系和简化技术文件中产品名称、规格、型式等叙述而引用的一种代号。
			1006		数量	试验检测设备的数量。
			1007		单位	指数学方面或物理方面计量事物的标准量的名称。
			1008		主要技术参数项	描述设备的主要技术要求的项目。
				001	额定输出电压	调压器输出电压规定达到最大值为调压器的额定输出电压。

表（续）

项目编码					项目名称	说明
物资专用信息标识代码	模块代码	表代码	字段代码	字段值代码		
				002	测量准确度等级	准确度等级是指符合一定的计量要求，使误差保持在规定极限以内的测量仪器的等别、级别。
				003	最大输出电流	设备输出的最大电流。
				004	额定冲击电压	波形为 1.2/50 的冲击电压。
			1009		主要技术参数值	描述设备的主要技术要求的数值。
			1010		是否具有有效的检定证书	是否具备由法定计量检定机构对仪器设备出具的证书。
			1011		设备制造商	制造设备的生产厂商，不是代理商或贸易商。
			1012		设备国产/进口	在国内/国外生产的设备。
				001	国产	在本国生产的生产设备。
				002	进口	向非本国居民购买生产或消费所需的原材料、产品、服务。
			1013		设备单价	购置单台生产设备的完税后价格。
			1014		设备购买合同及发票扫描件	用扫描仪将设备购买合同及发票原件扫描得到的电子文件。
			1015		备注	额外的说明。
		02			**试验检测人员一览表**	反映试验检测人员情况的列表。
			1001		姓名	在户籍管理部门正式登记注册、人事档案中正式记载的姓氏名称。
			1002		资质证书名称	表明劳动者具有从事某一职业所必备的学识和技能的证书的名称，通常包括行业类别、专业、等级等信息。
			1003		资质证书编号	资质证书的编号或号码。
			1004		资质证书出具机构	资质评定机关的中文全称。
			1005		资质证书出具时间	资质评定机关核发资质证书的年月日，采用 YYYYMMDD 的日期形式。
			1006		有效期至	资质证书登记的有效期的终止日期，采用 YYYYMMDD 的日期形式。
			1007		资质证书扫描件	用扫描仪将资质证书正本扫描得到的电子文件。

表（续）

项目编码					项目名称	说明
物资专用信息标识代码	模块代码	表代码	字段代码	字段值代码		
	03				**现场抽样检测记录表**	反映现场抽样检测记录情况的列表。
			1001		产品类别	将产品进行归类。
			1002		抽样检测产品型号	便于使用、制造、设计等部门进行业务联系和简化技术文件中产品名称、规格、型式等叙述而引用的一种代号。
			1003		抽样检测产品编号	同一类型产品生产出来后给定的用来识别某类型产品中的每一个产品的一组代码，由数字和字母或其他代码组成。
			1004		抽样检测项目	从欲检测的全部样品中抽取一部分样品单位进行检测的项目。
				001	复合外套外观检查	用聚合物和复合材料做外套封装材料并带有部件和密封系统的避雷器的外表单个缺陷面积检查。
				002	密封试验	用来验证避免对电气和（或）机械性能有影响的物质进入避雷器内部的能力。
				003	方波冲击电流耐受试验	用来验证通过一种方波电流冲击试验验证长持续时间耐受能力。
				004	直流参考电压试验	在避雷器通过直流参考电流时测出的避雷器的直流电压平均值。如果电压与极性有关，取低值。
				005	0.75倍直流参考电压下漏电流试验	对避雷器施加0.75倍直流参考电压，测量通过避雷器的泄漏电流。
				006	残压试验	用来测量避雷器流过放电电流时两端的电压峰值。
				007	局部放电试验	发生在电极之间，但并未贯通的放电试验，这种放电可以在导体附近发生，也可以不在导体附近发生。
				008	大电流冲击耐受试验	用来验证对冲击波形为4/10的放电电流峰值冲击电流的耐受能力。
				009	加速老化试验	按照一定的规定，在规定的时间和温度下，向试品施加规定的电压，以考核非线性电阻片老化性能的一种模拟试验。
				010	拉伸负荷试验	沿避雷器轴线方向施加力拉伸的试验。
				011	工频参考电压试验	在避雷器通过工频参考电流时测量避雷器工频电压峰值除以$\sqrt{2}$的试验。

表（续）

项目编码					项目名称	说明
物资专用信息标识代码	模块代码	表代码	字段代码	字段值代码		
				012	持续电流试验	施加持续运行电压时流过避雷器的电流。
				013	支撑件工频电压耐受试验（外串联绝缘子间隙复合避雷器适用）	用来验证在规定条件下，对避雷器支撑件施加额定频率下最高电压，避雷器不损坏、不发生热崩溃。
				014	间隙距离检查（外串联绝缘子间隙复合避雷器适用）	对避雷器间隙距离进行测量。
				015	多柱避雷器电流分布试验	制造厂应规定一个适当的冲击电流值，其值为标称放电流的 0.01 倍~1.0 倍，在该电流下测量通过每柱的电流。
				016	放电电压试验（外串联空气间隙复合避雷器适用）	通过测量阀型避雷器的工频放电电压，能够反映其火花间隙结构及特性是否正常、检验其保护性能是否正常。
				017	雷电冲击放电能力试验（外串联空气间隙复合避雷器适用）	安装在标称系统下电压超过 35kV 及以上架空线路中的避雷器的雷电冲击放电试验，在期间每次冲击测得电荷。
				018	电流冲击耐受试验	在规定的波形（方波、雷电和线路放电等）情况下，非线性电阻片耐受通过电流的能力验证试验。
				019	机械性能试验	验证在不同环境（温度、介质、湿度）下，承受各种外加载荷（拉伸、压缩、弯曲、扭转、冲击、交变应力等）时所表现出的力学特征的试验。
			1005		抽样检测结果	对抽取样品检测项目的结论/结果。
			1006		现场抽样检测时间	现场随机抽取产品进行试验检测的具体年月日，采用 YYYYMMDD 的形式。
			1007		备注	额外的说明

附 录 F

（规范性附录）

原 材 料/组 部 件

项目编码					项目名称	说明
物资专用信息标识代码	模块代码	表代码	字段代码	字段值代码		
略	G				**原材料/组部件**	原材料指生产某种产品所需的基本原料；组部件指某种产品的组成部件。
		01			**原材料/组部件一览表**	反映原材料或组部件情况的列表。
			1001		原材料/组部件名称	生产某种产品的基本原料名称。组部件是机械的一部分，由若干装配在一起的零件所组成，此处指产品的组成部件的名称。
				001	电阻片	具有非线性伏安特性，在过电压时呈低电阻，从而限制避雷器上的电压，而在正常工频电压下呈高电阻的材料。
				002	硅橡胶材料	主要用来制造各种型号的架空线路绝缘子及各种型号的无间隙氧化物避雷器的材料。
				003	瓷外套	制成一定形状后经烧结的无机材料，其主要的组成通常包括多晶硅酸盐、铝硅酸盐、钛酸盐或氧化物。
				004	法兰	法兰，又叫法兰凸缘盘或突缘。
				005	串联间隙用支撑绝缘子	用于固定间隙电极，通常用复合绝缘子作为绝缘支撑件。
				006	串联间隙	有意设置的空气间隙，在避雷器产品中由金属氧化物电阻片与放电间隙相串联使用。
				007	监测器	高压交流电力系统中与氧化锌避雷器配套使用的仪器，该仪器串接在避雷器接地回路中。
				008	均压环	用金属做成的避雷器附件，通常是圆环形的。
				009	密封圈	主要为橡胶密封圈、所用胶料分为丁基橡胶、三元乙丙橡胶、丁腈橡胶、硅橡胶等种类。用于防止气体（或流体）介质从被密封装置中泄漏，并防止外界灰尘、泥沙及空气进入被密封装置内部的橡胶部件。

表（续）

项目编码					项目名称	说明
物资专用信息标识代码	模块代码	表代码	字段代码	字段值代码		
				010	均压电容	并联于一个或一组非线性金属氧化物电阻片上的均压阻抗。
				011	防爆板	由增强纤维水泥板表面加压镀锌钢材料构成的耐火防爆材料。
				012	绝缘杆	有环氧树脂玻璃纤维成型，是根据电力系统生产、运行、维护需要而研制开发的适用型产品。
				013	绝缘筒	多用于户内高压真空断路器，顶部和中部分别装有出线臂，上出线臂通过上支架与灭弧室静端固定联结，下出线臂通过下支架、软连接与真空灭弧室动端导电杆联结。
				999	其他	其他原材料/组部件名称。
			1002		原材料/组部件规格型号	反映原材料/组部件的性质、性能、品质等一系列的指标，一般由一组字母和数字以一定的规律编号组成如品牌、等级、成分、含量、纯度、大小（尺寸、重量）等。
			1003		原材料/组部件制造商名称	所使用的原材料/组部件的制造商的名称。
			1004		原材料/组部件国产/进口	所使用的原材料/组部件是国产或进口。
				001	国产	本国（中国）生产的原材料或组部件。
				002	进口	向非本国居民购买生产或消费所需的原材料、产品、服务。
			1005		原材料/组部件供应方式	物资从生产领域生产出来之后，经过交换流向用户所采取的方式。
			1006		原材料/组部件采购方式	采购方式是各类主体（包括政府、企业、事业单位、个人、组织、团体等）在采购中运用的方法和形式的总称。
			1007		原材料/组部件入厂检测方式	为确定某一物质的性质、特征、组成等而进行的试验，或根据一定的要求和标准来检查试验对象品质的优良程度的方式。
				001	本厂全检	指由本厂实施，根据某种标准对被检查产品进行全部检查。

表（续）

项目编码					项目名称	说明
物资专用信息标识代码	模块代码	表代码	字段代码	字段值代码		
				002	本厂抽检	指由本厂实施，从一批产品中按照一定规则随机抽取少量产品（样本）进行检验，据以判断该批产品是否合格的统计方法。
				003	委外全检	指委托给其他具有相关资质的单位实施，根据某种标准对被检查产品进行全部检查。
				004	委外抽检	指委托给其他具有相关资质的单位实施，从一批产品中按照一定规则随机抽取少量产品（样本）进行检验，据以判断该批产品是否合格的统计方法和理论。
				005	不检	不用检查或没有检查

附 录 G
（规范性附录）
产 品 产 能

项目编码					项目名称	说明
物资专用信息标识代码	模块代码	表代码	字段代码	字段值代码		
略	I				**产品产能**	在计划期内，企业参与生产的全部固定资产，在既定的组织技术条件下，所能生产的产品数量，或者能够处理的原材料数量。
		01			**生产能力表**	反映企业生产能力情况的列表。
			1001		产品类型	将产品按照一定规则归类后，该类产品对应的类别。
			1002		瓶颈工序名称	制约整条生产线产出量的那一部分工作步骤或工艺过程名称。
				001	电阻片烧成	电阻片通过烘烤成型。
				002	复合外套生产	复合外套制作。
				003	试验	依据规定的程序测定产品、过程或服务的一种或多种特性的技术操作